올 어바웃 콤부차

한 그루의 나무가 모여 푸른 숲을 이루듯이
청림의 책들은 삶을 풍요롭게 합니다.

차근차근 실패 없는 내추럴 생콤부차 클래스

올 어바웃 콤부차

서형주 지음

All About
Kombucha

청림Life

나를 위로해준 발효의 시간

슬로우 다운, 슬로운

'슬로운 스튜디오'는 콤부차 클래스를 시작으로 만들어진 공간이다. 종종 수업에서 어떤 뜻이냐는 질문을 받기도 하고 수강생분들끼리 슬기로운의 약자가 아닐까 추리하시기도 하는데, 사실 슬로운은 속도를 줄이라는 뜻의 'slow down'을 줄인 말이다. 최근 휴식, 자기돌봄의 중요성이 대두되며 많은 사람들이 휴식을 필요로 한다. 하지만 쉼을 삶에 적용하기란 쉬운 일이 아니다. 그렇기에 사람들은 주말이나 휴무에 힐링할 수 있는 공간이나 취미 거리를 찾으며 최대한 열심히 쉬려고 노력한다. 하지만 몰아서 쉬는 시간이 정말 쉬는 시간일까? 벼락치기식의 휴식이 끝나고 나면 일상은 다시 쳇바퀴처럼 반복적으로 굴러간다.

'slow down'은 차를 타고 주차장을 내려갈 때 벽면에서 어렵지 않게 발견할 수 있는 문구다. 나는 매일 몇 번씩 그 문구를 마주치곤 했다. 그러던 어느 날, 나선형의 주차장을 빙글빙글 돌며 내려가다 문득 그 문구가 다르게 보였다. 나에게 "천천히, 진정해, 조금 게을러도 괜찮아" 하고 말해주는 것 같았다. 그건 그 시절 나에게 가장 필요한 말이었다. 나는 그 말을 항상 곁에 두고 매일 틈틈이 나를 돌봐야겠다고 생각했다. 더불어 쳇바퀴 같은 삶에서 빠져나와 매 순간이 밀도 높은 다채로운 하루를 만들리라 다짐했다. 별것도 아닌 주차장의 문구를 보고 말이다.

'슬로운'을 회사 이름으로 정하겠다고 했을 때 많은 사람들이 걱정했던 것이 게을러 보인다는 점이었다. 지인들은 제품이 늦게 발송되거나 프로젝트 일정이 지연될 때마다 조롱거리가 될 수 있다고 조언했다. 그런데 나는 조금 게을러도 괜찮을 것 같았다. 오히려 게을러 보인다는 부분이 마음에 들었다.

회사생활을 할 때 나의 냉장고에는 냉동식품 그리고 발효식품만이 있었다. 장을 볼 때 건강을 생각한다고 억지로 한두 개씩 밀어 넣었던 신선한 요리 재료들은 시간이 갈수록 장바구니에서 사라져갔다. 오래 보관할 수 있는 음식 재료들을 찾다가 기왕이면 냉동식품보다는 발효식품이 낫지 않은가 싶었다. 그러다 자신의 속도로 천천히 더 맛있어지는 발효의 매력에 푹 빠져버렸다. 그리고 그것은 나의 삶에 큰 변화를 가져왔다.

온종일 밖에서 열심히 일한 사람이 퇴근 후에 배달 음식을 먹는다는 이유로, 식사 후 피로를 이기지 못하고 설거지를 조금 미룬다는 이유로 게으르다는 평가를 받곤 한다. 바쁜 삶을 살면서도 게으르다고 자책하는 이들에게 나를 좋은 삶으로 이끌어준 콤부차를 소개해주고 싶다. 쳇바퀴 굴러가듯 반복되는 지친 일상 속에서 건강을 챙기기 위해 애쓰지 않아도 자연스럽게 회복되는 시간을 선물하려고 한다. 콤부차를 만들고 마실 때마다 '천천히, 진정해, 조금 게을러도 괜찮아' 하고 스스로를 다독였으면 한다.

콤부차에 스며들다

콤부차를 만드는 카페를 운영한다고 하면 대부분의 수강생분들은 내가 음식이나 음료와 관련된 것을 전공했을 것이라 예상한다. 하지만 나의 직업은 디자이너였다. 10년 가까이 대기업에서 근무하며 냉장고, 오븐 등 요리와 관련된 가전제품을 조사하고 디자인했다. 나의 의지와 상관없이 발령되었던 부서였지만 점점 일에 빠져들었다. 회사에서는 맛있고 좋은 식재료와 유행하는 음식들에 관한 보고서가 매일매일 쏟아졌다. 요리 관련 가전제품의 디자인 업무에 참고한다는 명분으로 나는 야근을 해서라도 이 자료들을 찾아 읽었다. 궁금한 식재료는 해외에서 주문하기도 하고, 국내에서 구할 수 있는 것들은 직접 찾아다녔다.

모르는 사람들과 만나는 것을 싫어하던 내가 모임을 찾아가서 음식이나 와인들을 나누기 시작했고, 술을 직접 만드는 취미도 생겼다. 맛있는 것을 좋아하는 지인들 덕에 가만히 있어도 입으로 맛있는 음식들이 쏟아져 들어오는 기분이었다. 하지만 그 즐거움은 오래가지 못했다. 잠자는 시간 말고는 일을 해야 했고

어떨 땐 잠을 며칠씩 자지 못했다. 주말에는 보상 심리로 폭식과 폭음을 하며 스트레스를 푼다는 핑계로 몸을 망가뜨렸다. 역류성 식도염과 위궤양을 달고 살았다. 위장이 아파서 자다가 깨기도 하고 심할 때는 음식을 넘기지도 못하고 게워내기 일쑤였다.

갑자기 식습관을 다 바꾸자니 그나마 누리던 즐거움을 잃어버릴 것 같았다. 그러다 유행하는 음료에 대해 자료를 찾아가며 일할 때 접했던 콤부차가 떠올랐다. 콤부차에 관한 정보를 찾다 보니 직접 만들어 먹을 수 있다는 사실을 알게 되었다. 당시 한국에서는 콤부차를 구하기 어려웠기 때문에 완제품을 사 먹는 것보다 오히려 만드는 것이 더 쉬워 보였다. 오래전 한국에서 홍차 버섯이라는 이름으로 유행했던 콤부차를 소규모 비건 상점이나 온라인 카페, 중고 몰 등에서 간혹 판매하는 분들이 계셨다. 그분들께 콤부차의 씨앗과도 같은 스코비를 분양받거나, 해외 사이트에서 스코비를 사 모으기 시작했다. 신기하게도 분양받은 콤부차들의 맛이 모두 달랐다. 나는 콤부차들을 직접 발효하고 섞어보았다. 궁금한 부분은 실험해보고 논문을 찾아보기도 하며 콤부차와 나만의 시간을 쌓아 올렸다. 내가 작은 변주를 주었을 뿐인데 돌아오는 콤부차 맛의 변화는 정말 크고 다양했다.

그때부터 내가 어설프게 만든 콤부차를 주변 지인들에게 열심히 설명하며 나눠주기 시작했다. 예민한 미각으로 내로라하는 지인들은 다양한 피드백을 해주었고, 직접 겪은 건강의 변화를 설명해주는 지인도 있었다. 화장실을 못 가서 고생하던 친구가 다음 날 장을 낳는 기분이었다는 우스갯소리를 하기도 하고, 피부가 좋아졌다는 지인도 있었다. 누군가는 속이 더부룩할 때 소화제 대신 마시니 좋더라는 꿀팁을 주기도 했다. 건강적인 이점을 느낀 지인들은 더 많은 정보를 원했다. 나는 기대에 부응하기 위해 해외 자료를 뒤져가며 열심히 공부했다.

그러다 평소 좋아하는 지인이 콤부차 클래스를 제안했다. 일이 가장 바쁠 시기라 망설였지만 정신을 차리고 보니 이미 나는 교재를 만들고 있었다. 내가 좋아하는 것을 가장 잘 보여주고 싶었기 때문일까? 출퇴근 시간에 택시 안에서 삐뚤빼뚤 그림을 그려서 교재를 만들었다. 다행히 나의 정성을 예쁘게 봐준 사람들 덕분에 내 인생의 첫번째 콤부차 클래스를 무사히 마쳤다. 놀랍게도 클래스를 들은 사람들을 통해서 또 다른 클래스 요청이 이어졌고, 회사에 다니며 나와 주변인에게 도움이 되는 생산적인 취미를 즐기게 되었다.

콤부차는 나를 더 넓고 깊은 세상으로 데려다주었다. 그냥 사서 마시기만 했다면 콤부차의 진정한 매력을 몰랐을 것이다. 콤부차는 누군가에게 손바닥만 한 젤리처럼 생긴 스코비를 분양받아야 만들 수 있다. 스코비는 마치 살아 있는 생명체 같아서 키우는 느낌을 준다. 게다가 새침하기까지 한 것이 꾸준하게 관리를 해줘야 맛있는 콤부차를 선사한다. 스코비는 키우다 보면 자연스럽게 개수가 많아진다. 나는 애착이 생긴 스코비를 차마 버리지 못하고 사람들에게 분양해주었다. 그렇게 사람들을 자연스럽게 만나고 서로의 콤부차 맛에 대해 이야기하며 콤부차는 새로운 소통의 창구가 되었고, 내 삶의 일부가 되었다.

콤부차를 통해 전하고 싶은 이야기

요즘 콤부차가 유행이라고 한다. 여기저기서 노출되며 관심을 받고 있는 콤부차의 모습이 반갑기도 하지만 한편으로는 너무 화제가 되기를 바라지는 않는다. 많은 음식들이 마케팅으로 잠깐 반짝하다 사라지는 모습을 심심찮게 보기 때문이다. 매체에서 건강에 좋다고 소개한 식품은 빠르게 실시간 검색어에 오르고 주문이 폭주한다. 다양한 업체에서 해당 식품을 가공해 우후죽순으로 생산해낸다. 하지만 매체에서 홍보한 만큼의 극적인 효과가 소비자의 눈에 즉각적으로 보일 리가 없고, 순식간에 버림받는다. 빠르게 유행하는 것일수록 빠르게 잊힌다. 바라건대 콤부차는 그렇지 않았으면 한다. 찬장이나 냉장고에 하나쯤은 가지고 있어야 든든한 그런 발효음료 혹은 자연스럽게 찾게 되는 일상의 루틴으로 남았으면 좋겠다.

대부분의 건강 음료는 맛이 없어도 건강을 위해 참고 마셔야 하거나, 기억하기도 어려울 만큼 다양한 효능이 잔뜩 표기되어 있다. 판매 페이지의 홍보 문구에 잠깐 속아서 구매할지언정 결국은 손이 가지 않아 버려진다. 나는 콤부차의 효능보다는 만드는 과정이나 맛을 강조하고 싶다. 콤부차의 맛과 색다른 경험이 즐거움을 이끌어낼 수 있다면 사람들이 자연스럽게 콤부차를 찾을 것이기 때문이다. 그리고 꾸준히 마시다 보면 따라오는 몸의 좋은 변화들은 내가 굳이 설명하지 않아도 자연스럽게 검증될 것이다.

서형주

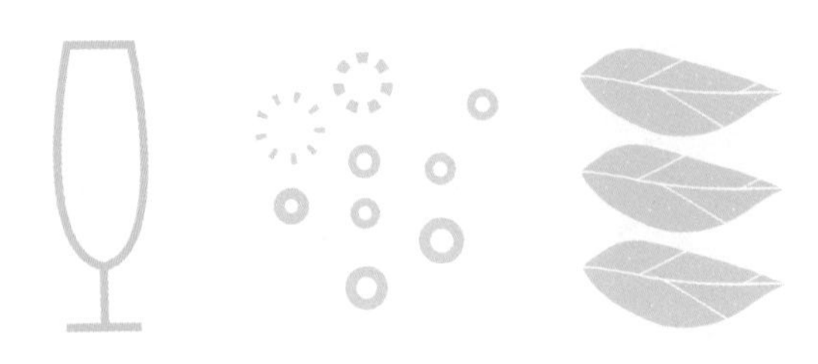

Chapter 3 슬로운 콤부차 레시피

Chapter 4

실패 없이 완성하는 콤부차의 모든 것

Chapter 1

당신의 첫 콤부차

필요한 도구 알아보기

기본 도구

발효조

발효조는 기본이 되는 장비다. 본인이 필요한 양에 따라 발효조의 용량과 소재를 다양하게 선택할 수 있다. 가정용으로는 1~10L 정도, 작은 카페는 10~50L 정도의 용기를 사용하면 되고 용량이 큰 용기는 토출구가 있어야 사용이 편리하다. 초보자가 집에서 혼자 만들어 마시거나, 혹은 가족이 함께 즐길 것이라면 1~5L 병을 여러 개 구비해 쓰는 것이 효과적이다.

스트레이너

차를 우릴 때 필요한 도구로 다양한 형태가 있다. 병과 일체형으로 되어 차가 다 우러나면 제거하는 타입이 있고, 작은 핸들형 타입으로 다른 병으로 찻물을 옮기며 찻잎이 걸러지게 하는 타입이 있다. 찻잎이 충분히 위아래로 점핑할 수 있는 공간이 있는 스트레이너를 가장 추천한다. 여의치 않다면 티백 메이커를 구매하거나 일회용 다시백을 쓰는 방법도 있다.

깔때기

1차 발효병에서 2차 발효병으로 콤부차 원액을 이동하거나 소분할 때 사용한다. 거름망과 세트로 구성되어 있으면 편하다. STS 300계 등급의 스테인리스 깔때기를 추천한다.

온도계

온도계는 시중에서 간편하게 구매할 수 있는 전자 온도계부터 스티커처럼 붙여서 확인할 수 있는 온도계까지 다양한 종류가 있다. 액체에 직접 담가서 온도를 잴 수 있는 탐침형 온도계와 공간 온도를 잴 수 있는 일반 온도계 두 가지를 갖추는 것이 가장 좋다.

저울

차, 설탕 등의 무게를 잴 수 있는 저울이 필요하다. 소수점 단위까지 체크할 수 있는 제품을 추천한다.

소재에 따른 발효조 알아보기

스테인리스

스테인리스(Stainless steel)는 스테인리스, 스테인리스 스틸, 스테인리스강 등으로 불리며 크롬, 니켈 등을 합성하여 산소나 수분에 부식되지 않게 하는 재질이다. 세척이 쉽고 충격에 강하며, 규격화된 다양한 도구를 적용할 수 있다. 압력을 쉽게 견딜 수 있으므로 대용량 발효조 제작에 적합하며 상업용 용기로 많이 사용한다.

스테인리스에는 여러 가지 등급이 존재하는데 STS 200계, 300계, 400계 등급에 따라 특징이 다르다. 200계 스테인리스는 쉽게 부식이 일어나 식기로는 적합하지 않다. 특히 산 성분이 강한 콤부차는 200계의 스테인리스에 닿지 않게 조심해야 한다. 300계 스테인리스는 녹 발생 확률이 낮아 발효조로 적합하다. 대량의 콤부차를 발효하는 업체들은 보통 304와 316 용기를 사용한다. 300계 스테인리스는 발효조로 적합하지만 내부를 확인하기 어렵다는 단점이 있다. 초보자는 스코비의 두께로 발효를 판단하는 것이 편리한데 스테인리스로 발효하는 경우 발효조의 옆면을 확인하기 어렵다. 그러므로 콤부차 발효 경험이 적은 초보자라면 투명한 재질을 추천한다.

도자기

도자기는 숨구멍이 많아 콤부차가 다량의 산소를 접할 수 있다는 장점이 있다. 하지만 함량에 따라 납, 카드뮴 등의 중금속이 용출될 수 있으니 유의한다. 장기간 사용 시 숨구멍 사이사이로 작은 스코비가 형성되면서 세척이 어려울 수 있다. 또 향이 강하거나 특이한 콤부차를 발효한 후에는 잔향이 많이 남아 다음 발효 때 영향을 미칠 수 있어 초보자에게는 추천하지 않는다.

유리

우리 주변에서 식기로 가장 많이 사용하는 유리는 콤부차를 발효하기에 적합하다. 내부의 발효 사정을 가장 잘 관찰할 수 있고, 세척과 소독이 용이하다. 또 내용물의 향기를 흡수하지 않아 위생적으로 사용할 수 있다. 파손에 취약하며 무게가 나간다는 단점이 있으나 초보자에게 가장 적합한 발효조다.

다만 유리도 종류가 다양하다. 먼저 식용으로 확인이 된 유리 제품을 구매해야 한다. 그리고 크리스털 유리는 피하는 것이 좋다. 콤부차의 산 성분과 만나게 될 경우 납이 용출될 수 있기 때문이다. 발효 전문 도구의 가격이 부담스럽거나 소재를 고르는 것이 복잡하게 느껴진다면, 피클 용기로 많이 사용하는 볼메이슨이나 보르미올리, 웩 등의 브랜드를 사용하는 것을 추천한다.

발효를 처음 하는 초보자라면 큰 용량의 병을 하나 두는 것보다 작은 용량의 병을 여러 개 두는 것을 추천한다. 처음에는 다양한 실수나 시행착오로 콤부차가 오염될 수 있는데 병이 하나밖에 없다면 새로 분양받아야 하기 때문이다. 그리고 처음에 본인의 레시피가 확립되지 않은 상태에서 큰 병으로 콤부차를 만들었는데 입맛에 맞지 않는 콤부차가 나오는 경우는 여간 난감한 일이 아닐 수 없다. 익숙해지고 여유분이 많아질 때까지는 1~5L 사이의 병을 추천한다.

플라스틱

플라스틱은 발효조는 거부감을 느끼는 분들이 많다. 하지만 플라스틱도 종류가 다양해서 맥주 발효조로 출시되는 것은 콤부차 발효도 가능하다. 하지만 세척이나 이동 발효 등 여러 과정에서 미세 플라스틱 섭취가 우려된다.

콤부차란 무엇일까?

떠오르는 건강음료

콤부차는 녹차나 홍차 등의 '차'와 '당'을 우린 물에 '유익균'을 넣어 발효한 차다. 발효 과정에서 새콤달콤한 맛과 보글보글한 탄산이 생긴다. 시중의 탄산음료나 주류를 대체할 수 있을 만큼 매력적이기 때문에 대체음료 또는 건강음료로 떠오르고 있다.

클래스를 처음 시작할 때까지만 해도 콤부차를 한 번도 마셔보지 못한 상태에서 스튜디오에 방문해주시는 분들이 대다수였지만, 최근에는 콤부차를 마셔본 경험은 물론이고 만들어본 분들이 많아졌다. 본인의 제조 방식이 옳은지, 제대로 발효되었을 땐 어떤 맛이 나는지 궁금해서 클래스를 찾아오시는 것이다. 이제 한국에서도 콤부차에 관심이 높아졌다는 것을 체감할 수 있는 부분이다.

콤부차에 관심을 갖게 된 이유는 사람마다 다르다. 우연히 맛본 콤부차가 맛있어서, 건강에 좋다는 이야기를 듣고, 대중 매체에서 연예인을 통해, 혹은 주변의 지인이 만드는 것을 보고 흥미가 생겨서 등등 다양한 루트로 관심을 두게 된다. 콤부차에는 정말 많은 매력이 있기 때문에 이렇게 다양한 이유로 관심이 생기는 것은 어쩌면 당연한 일일지도 모른다. 해외에서 콤부차는 일시적인 붐을 넘어 하나의 음료군으로 정착했다. 특히 미국에서는 정말 많은 콤부차 브랜드들이 생겨났고. 다양한 맛과 종류로 마트 진열대를 장식하고 있다. 국내에서도 몇몇 브랜드에서 콤부차 제품을 선보이기 시작하더니 점점 그 시장이 매년 커지고 있으며, 전세계적으로 콤부차 신드롬이 불고 있다.

콤부차는 누가 어떻게 발효하느냐에 따라 맛이 수천수만 가지의 갈래로 뻗어나갈 수 있다. 집마다 김치 맛이 다르듯 콤부차도 발효하는 사람에 따라 다양한 맛이 나기 때문에 본인의 취향에 맞는 콤부차를 찾아 나가는 재미가 쏠쏠하다. 그러므로 콤부차를 마시게 된다면 한 가지 콤부차만 마셔보고 평가하기보다는 다양한 제품들을 마셔보고 콤부차의 맛이 무엇인지 감을 잡아보는 것이 좋다.

현재 가루나 액상, 티백, 에센스, 젤리 등 다양한 형태의 콤부차가 시중에 판매되고 있다. 한국은 아직 콤부차 제조에 관한 법령이 없어 콤부차가 아닌 것에도 쉬이 콤부차라는 이름을 붙일 수 있다. 클래스를 진행하며 아무리 여러 번 받아도 대답하기 쉽지 않은 질문이 있는데 바로 콤부차를 처음 마시는 사람이 어떤 콤부차 제품을 선택하면 좋을지에 관한 질문이다. 간혹 실제 발효한 콤부차가 아닌 첨가물 등을 이용하여 그럴듯하게 흉내 낸 제품을 평가해야 할 때는 매우 난감하다. 아직 국내에서 생소한 음료이기 때문에 법령이나 가이드가 나올 때까지는 소비자들이 직접 판단하여 선택하는 수밖에 없다. 매장에서 콤부차를 구매할 때는 뒷면을 한번 살펴보자. 정말 발효한 콤부차 원액이 들어 있는지, 기타 첨가물이 들어 있는지, 생콤부차인지, 멸균 처리가 된 콤부차인지 등을 체크해보면 좋을 것이다.

콤부차는 특유의 발효취나 산도가 강할 경우 호불호가 갈릴 수 있다. 하지만 발효를 어떻게 하느냐에 따라 특유의 맛을 줄일 수도 강화할 수도 있다. 몇 가지 원리만 알면 여러 가지를 시도해보며 본인의 입맛에 맞는 음료를 찾을 수 있으니

참 고맙고 신기한 음료다. 그리고 발효를 여러 번 거치며 다양한 과일이나 허브들을 블렌딩하여 자신만의 레시피를 만드는 재미도 콤부차의 빼놓을 수 없는 매력이다. 마음에 쏙 드는 콤부차를 찾지 못했다면 본인이 직접 입맛에 맞는 콤부차를 만들어보자.

콤부차에는 아세트산, 글루콘산, 글루크론산 같은 유기산이 풍부하며 재료가 되는 차에서 나오는 폴리페놀, 카테킨, 프로바이오틱스 등이 포함되어 있다. 포털 사이트에 콤부차의 효능을 검색해보면 소화 불량, 피부 미용, 다이어트에 관련된 효능부터 당뇨병, 암 등 다양한 질병에 효과가 있다는 내용을 확인할 수 있다. 콤부차는 면역력을 높이는 데 도움을 주기 때문에 다양한 효능들이 따라온다. 면역력의 약 70% 정도가 장 건강에 달려 있다고 한다. 생콤부차는 장에 도달했을 때 유익한 작용을 하는 균주인 프로바이오틱스와 유익균이 살아 있는 음료다. 최근 건강에 관심 있는 사람들에게서 애플 사이다 비니거가 굉장히 유행했다. 아세트산과 각종 유기산들이 많이 들어있으므로 콤부차 역시 애플 사이다 비니거처럼 건강에 도움이 되는 효능을 가지고 있다. 그리고 아무래도 식초보다는 산도가 낮아 마시기 편하다는 장점이 있다. 콤부차를 처음 마시면 익숙하지 않은 맛에 놀랄 수도 있다. 하지만 마시다 보면 콤부차의 오묘한 매력에 빠져 문득 문득 콤부차가 생각나는 건강한 중독에 빠질 것이다. 단, 과하게 마시면 가스가 많이 차거나 설사, 변비, 피부 질환 등의 명현 현상이 일어날 수 있으니 처음 콤부차에 도전하는 사람은 200ml씩 마셔보며 천천히 양을 늘려나가는 것을 추천한다.

tip

• 콤부차는 발효 중 아주 극소량의 알코올이 발생하기 때문에 알코올에 민감한 분이나 임산부, 영유아는 권장하지 않는다. 0.5도에서 1도 이하로 알코올이 아주 적지만, 도수가 없지 않다는 사실을 알고 마셔야 한다. 보통 마트에서 판매되는 무알코올 음료가 0도, 논알코올 음료는 1도 이하의 음료를 말한다. 콤부차 역시 1도를 넘지 않으므로 논알코올로 분류된다. 평소 이런 논알코올 음료나 발효차 등을 마실 수 있다면 콤부차도 무리 없이 마실 수 있다.

• 일반 차를 원료로 발효한 콤부차라면 카페인이 포함되어 있지만, 발효 과정에서 카페인이 소진되어 발효가 완료된 콤부차의 경우 1/3 정도의 카페인만 남게 되며 1회에 평균 약 15mg으로 극히 미미하다. 아래 카페인 비교표는 브랜드에 따라 카페인 함량이 상이하므로 항상 정확한 수치는 아니다.

[카페인 비교표]

커피 한 잔	100ml당 42mg
차 한 잔	100ml당 25mg
일반 콜라 한 캔	100ml당 10mg
에너지 드링크 한 캔	100ml당 28g

콤부차의 구성 요소

• 차

콤부차를 만들기 위한 준비물은 간단하다. 차, 당, 균, 이렇게 세 가지만 있으면 충분하다. 만드는 방법 또한 어렵지 않은데 이 재료들을 모두 섞어두고 일정 시간이 지나면 내가 굳이 돌보지 않아도 콤부차가 된다. 하지만 이 세 가지 재료는 하나라도 없어서는 안 될 필수 요소다. 각각의 재료가 맡는 역할이 있기 때문이다. 일반적으로 콤부차를 만들기 위해서는 차나무 잎을 재료로 사용하는 것이 좋으며 백차, 녹차, 홍차, 청차, 황차, 흑차 등이 이에 속한다. 차를 우릴 때 나오

는 폴리페놀이나 카테킨같이 우리 몸에 유익한 성분들이 일부 발효 과정에서 성분의 함량이 높아지기도 한다는 연구 결과가 있다. 또한 차를 우릴 때 나오는 추출물들이 미생물이 발효하는 데 좋은 양분이 되기도 한다. 차를 우려낸 찻물은 엄마의 양수 같은 역할을 한다. 균들이 안정적으로 살기 좋은 환경을 마련해주는 것이다. 액체 상태에서 세균이나 효모가 효과적으로 배양되고, 산소나 영양소 공급이 원활해서 pH가 적정하게 유지되어 다른 균의 침입을 막는 역할도 해준다.

• 당

당은 균들의 먹이이기 때문에 모든 발효에 필수적이다. 막걸리를 발효할 땐 쌀의 당분이 필요하고, 와인을 발효할 땐 포도의 당분이 필요하듯이 콤부차에도 당이 필요하다. 차에는 발효를 일으키는 당분이 존재하지 않기 때문에 부족한 당분을 넣어 균들이 발효를 할 수 있는 환경을 만들어줘야 한다. 단맛이 난다고 발

효가 일어나는 것은 아니며 균이 분해할 수 있는 당류가 필요하다. 대체당은 발효가 일어나지 않으며 오히려 곰팡이가 날 위험이 있다.

● 종균

차와 당은 집 앞 슈퍼에서도 쉽게 구할 수 있는 재료인데 균은 어디서 어떻게 구해야 하는 것일까? 아이러니하게도 콤부차를 만들기 위해서는 콤부차가 필요하다. 정확하게는 콤부차 원액과 스코비라는 것이 필요하다. 콤부차 원액과 스코비는 합쳐서 '콤부차 스타터' 혹은 '콤부차 액종', '종균' 등 다양한 이름으로 불린다. 이 종균은 차와 당으로 구성된 액체가 부패하지 않고 콤부차로 발효할 수 있게 도와주는 역할을 한다.

이전 발효의 발효액을 조금 남겨 다음 발효의 밑천으로 사용하는 것은 막걸리의 밑술, 간장의 씨간장, 식초의 종초, 빵의 천연발효종 르뱅 등 다양한 발효 음식에 사용되는 방법이다. 콤부차는 사실 만든다는 표현보다는 콤부차가 자라는 사이클에 우리가 탄다는 개념이 더 맞는 것 같다. 설렁탕집에 비유한다면 30년째 불이 꺼진 적 없이 끓고 있는 설렁탕과 같다. 그렇다면 이 설렁탕집은 30년 전에 많은 양을 만들어서 지금까지 판매하고 있는 것일까? 그렇지 않다. 솥의 설렁탕이 소진되기 전에 판매된 만큼 물과 재료들을 조금씩 더 넣어 끓이는 것이다. 원래 있던 설렁탕에 새로 넣은 재료가 적당히 우러나와 어우러지면 판매하고, 또다시

재료를 더 넣어 끓여주기를 반복하는 방식이다. 이런 사이클을 사용하면 맛의 변화 없이 꾸준히 깊은 맛을 낼 수 있다. 콤부차도 비슷해서 미생물들이 열심히 발효를 하고 있는 콤부차에 재료를 넣어 맛과 양을 꾸준히 유지해주면, 평생 맛있는 콤부차를 맛볼 수 있다.

좋은 발효를 위해서는 건강한 종균이 필요하다. 예전만 해도 콤부차라는 음료를 구하기도, 종균을 구하기도 하늘의 별 따기였다. 한국에서 콤부차가 잘 알려지지 않아 온라인 카페나 가정 분양을 통해서 겨우 구할 수 있었는데, 가정 분양한 종균은 옳은 방법으로 제대로 키워졌는지 알 수가 없어 안전성을 확인하기 어려웠다. 하지만 현재는 종균을 판매하는 업체도 다양해졌고 인터넷이나 오프라인 공방에서 쉽게 종균을 구할 수 있다. 간혹 도전 정신이 강한 사람들 중 시판용 콤부차를 구매하여 발효를 시도하는 사람이 있다. 나 역시 100병에 가까운 시판용 콤부차로 도전을 해보았는데 제대로 발효가 되는 콤부차를 찾기는 어려웠다. 특히나 멸균 처리한 제품은 유익균이 살아 있지 않기 때문에 발효가 될 수 없다. 간혹 멸균에서 살아남은(제조사 입장에서는 불량인) 유익균들이 힘겹게 스코비를 만들기는 하지만 시간이 굉장히 오래 걸리며 발효 과정에서 유해균에 노출될 위험이 커진다. 처음 발효하는 분들은 주변의 생콤부차를 발효하고 있는 지인에게 분양받거나, 안전하게 위생적으로 검증된 업체에서 분양받는 것을 추천한다. 첫 스타터가 앞으로 만들 콤부차 맛의 기본이 될 것이다.

● **스코비**

스코비는 콤부차를 만들 때 표면에 생성되는 젤리 같은 질감의 덩어리를 일컫는 말이다. 스코비는 앞으로 콤부차 생활을 하며 떼려야 뗄 수 없는 중요한 존재다. 스코비(SCOBY)는 Symbiotic Culture Of Bacteria and Yeast의 앞 글자인 'SCOBY'를 따서 만든 이름인데 박테리아(B)와 효모(Y)의 공동 균사체라는 뜻이다. 공동 균사체라는 말이 어렵게 느껴질 법도 한데, 쉽게 풀어 말하자면 박테리아와 효모가 함께 공존하며 살아가는 마을 같은 것으로 생각하면 된다. 박테리아와 효모가 활동하면서 생긴 물질이 서로의 먹이가 되는 상부상조의 마을인 것이다.

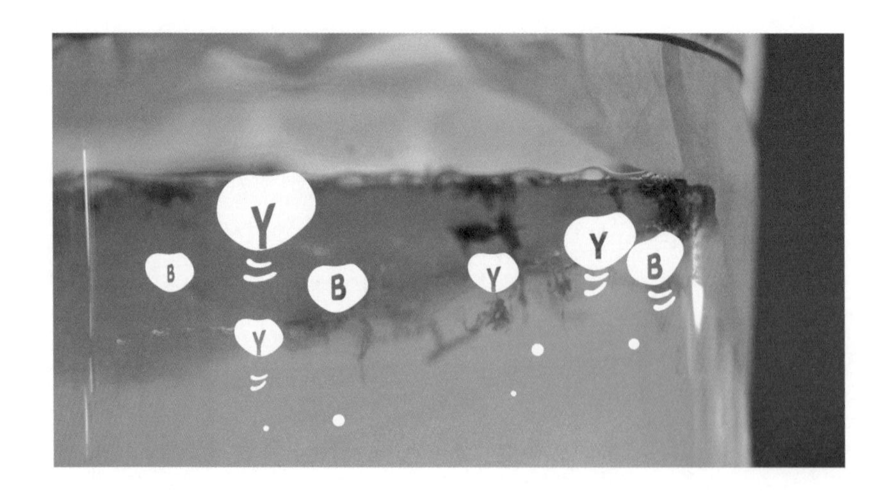

예를 들면 효모는 액체의 표면에서 산소를 마시며 당분을 분해하여 에탄올(알코올)과 이산화탄소(탄산)을 만들어내고, 박테리아는 그 에탄올을 이용하여 아세트산(신맛)을 만들어낸다. 이를 효과적으로 주고받기 위해 액체 안에 있던 셀룰로오스(불용성 식이섬유)를 이용해 서로를 묶는다. 사실 박테리아와 효모는 그 크기가 매우 작아 우리 눈에 보이지 않는다. 하지만 셀룰로오스 덕분에 표면으로 뭉게뭉게 올라가는 과정을 볼 수 있다. 직접 스코비를 분양받아 콤부차를 집안에 들이면 며칠 후 얇은 표면의 막이 한층 한층 늘어나며 점점 두꺼워져 하나의 큰 덩어리가 되는 것을 볼 수 있다. 박테리아와 효모의 아파트가 한층 한층 공사를 하는 것처럼 보인다. 이렇게 만들어진 스코비는 박테리아와 효모가 표면에 떠서 효과적으로 산소를 마실 수 있게 해주는 역할을 하고, 다른 균들의 침입을 막아주는 역할을 하기도 한다.

발효를 할 때 넣어준 스코비는 '마더 스코비(mother scoby)'라고 부르며 시간이 지날수록 점점 두꺼워지는 표면의 스코비는 '베이비 스코비(baby scoby)'라고 부른다. 이 모양이 꼭 탯줄로 연결된 엄마와 아이 같아서 마더 스코비와 베이비 스코비라는 이름이 어느 정도 이해가 갈 것이다. 콤부차를 만들고 1~2주 정도 시간이 지나면 베이비 스코비는 마더 스코비만큼 두꺼워진다. 이렇게 되면 한 병으로 만들기 시작한 콤부차는 스코비가 두 개가 되면서 두 병의 콤부차를 만들 수 있다. 설탕물에 가까웠던 액체도 이때쯤 되면 콤부차로 발효되기 때문에 또 다른 콤부차를 만들 수 있는 원액이 된다. 이렇게 스코비를 한 번만 분양받으면 무제한으로 증식시켜 무한대로 콤부차를 만들 수 있다.

콤부차 표면에 생긴 스코비의 옆면을 자세히 들여다보면 얇은 막들이 여러 개 모여 하나의 덩어리를 이루고 있는 것을 볼 수 있다. 마치 나무의 나이테처럼 콤부차가 맛있게 발효가 될수록 스코비가 한 층 한 층 두꺼워진다. 이렇게 층층이 쌓인 스코비는 하나의 생명체가 아닌 균들이 살고 있는 맨션 같은 것이라 보면 된다. 이 맨션은 균형이 중요한데, 성격이 다른 입주민인 박테리아와 효모 둘 다 만족할 만한 환경을 만들어야 하기 때문이다. 밸런스가 맞아야 맛있는 콤부차를 만들어주는데 둘은 좋아하는 온도가 다르다. 효모의 최적 온도는 10~37도, 박테리아는 22~30도로 비교하면 효모가 살 수 있는 온도의 범위가 훨씬 넓다.

발효의 환경은 효모, 박테리아 모두 잘 살 수 있는 22~30도 사이를 유지하는 것이 좋다. 만약 우리가 발효하는 환경의 온도가 박테리아가 자라기 어려운 10~22도에 세팅되어 있다면 효모만 왕성하게 자라게 되고 박테리아의 성장이 어려워진다.

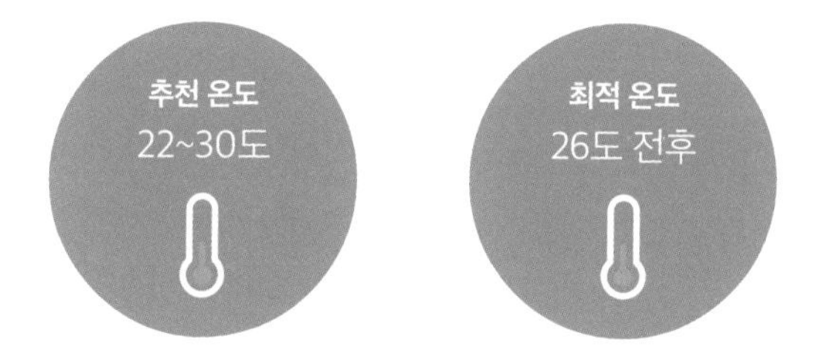

이때 만약 특정 효모만 왕성하게 자라게 된다면 헛간 냄새라고 칭하는 쿰쿰한 맛이 강한 콤부차가 된다. 그렇기 때문에 효모와 박테리아 둘 다 잘 살 수 있는 온도와 습도를 맞춰주는 것이 적정한 맛의 밸런스를 찾을 수 있는 지름길이다. 하지만 너무 걱정하지 않아도 된다. 최적의 콤부차 발효 환경은 우리가 쾌적하다 느끼는 온도, 습도와 유사하다.

콤부차에 관한 네 가지 오해

● 콤부차는 콤부+차?

한국에서 콤부, 콤부티, 콘부차, 꼼부차, 콤푸차 등 다양하게 표기되고 있으나 콤부차를 영어로 표기할 땐 'kombucha' 혹은 'Kombucha tea'로 표기하는 것이 정석이다. 콤부차의 차가 'tea'를 의미하는 것처럼 보이지만 사실은 'Kombucha'가 하나의 명사다. 따라서 차라는 뜻을 표시하고 싶다면 'Kombucha tea'로 적는 것이 맞으며 한국어로는 콤부차라고 쓰는 것이 정확하다.

● 콤부차의 다른 이름은 콘부차?

일본에서 콘부는 다시마를 뜻하고 콘부차는 다시마 차를 말한다. 종종 일본에서 오신 분이나 일본어에 능통하신 분들이 콤부차의 발음을 듣고 다시마 차로 오해하는 경우가 있다. 콘부차는 다시마를 우려 짭짜름한 맛이 나는 차고, 콤부차는 차를 발효한 새콤달콤한 음료로 둘은 엄연히 다르다.

● 콤부차는 버섯이다?

한때 콤부차가 홍차 버섯이라는 이름으로 주부들 사이에서 유행한 적이 있어서 오히려 이 이름이 콤부차보다 더 익숙한 분들이 있을 수도 있다. 홍차 버섯과 콤부차는 같은 말이지만 홍차 버섯이라는 이름 때문에 콤부차의 종균이 버섯이 아닐까 생각하시는 분들이 있다. 홍차 버섯은 콤부차를 만들 때 생성되는 스코비가 마치 말랑말랑한 버섯처럼 보여 붙은 이름이다.

● 콤부차는 식초다?

콤부차가 식초에 포함되는지 질문하시는 분들이 종종 있다. 반은 맞고 반은 틀리다고 볼 수 있다. 콤부차는 식초와 유사하게 신맛이 나고 비슷한 성분들로 이루어져 있다. 발효 과정에서 표면에 막이 생긴다는 점이 비슷하고 마더, 모체 배양 등 비슷한 용어를 사용하기에 혼동을 주는 요소들이 많다. 발효된 콤부차를 다시 발효하여 식초로 만들 수 있기 때문에 콤부차를 식초의 한 종류로 보는 시각도 있다. 하지만 필자는 콤부차와 식초는 다르다고 생각한다. 일례로 와인도 식초를 만들 수 있지만 와인 자체를 식초로 보지 않는 것과 비슷하다.

[콤부차, 식초 비교표]

	콤부차	식초
맛의 특징	산미, 단미, 탄산감	산미
발효 기간	7~14일	40~50일
발효	호기성+혐기성 알코올 발효, 젖산 발효, 초산 발효	호기성 초산 발효
종균	SCOBY(Symbiotic Culture Of Bacteria and Yeast) 박테리아와 효모의 공동 균사체	MOV(Mother Of Vinegar) 셀룰로오스와 아세트산박테리아
재료	차	과일, 곡물, 술 등

Chapter 2

콤부차 발효의 모든 것

콤부차 만들기
: 1차 발효

1차 발효의 준비물

티포트, 스코비와 원액 300ml, 1L 유리병, 스트레이너, 녹차, 설탕, 나무 혹은 실리콘 소재의 집게, 스푼, 덮개, 끈, 스티커 온도계(생략 가능)

1. 소독하기

소독은 이 모든 과정 중 제일 중요한 과정이다. 콤부차에 직간접적으로 닿는 모든 용품을 소독해줘야 한다. 소독의 방법에는 여러 가지가 있는데 가정에서 발효조를 소독하는 가장 쉬운 방법은 열탕 소독법이다. 먼저 세제를 사용하여 깨끗하게 병을 닦아준 후 냄비에 상온의 물을 붓고 찜기를 올린다. 발효병을 뒤집어 올려놓고 물을 가열하여 천천히 증기를 쬐어준다. 유리인 경우 갑작스러운 온도 변화로 병이 깨지지 않도록 유의한다.

tip

- 예열하지 않은 오븐에 유리병을 넣고 100도로 맞춰 10분 정도 소독하는 방법도 있다. 예열하지 않은 오븐에 넣어 온도가 천천히 올라가도록 해야 한다. 유리가 아닌 플라스틱이나 실리콘 재질은 녹거나 변형될 수 있다.
- 곰팡이가 나거나 오염되었던 것이 아니라면 두 번째 세척부터는 세제를 사용하지 않는 것이 좋다. 콤부차의 산 성분 덕에 균이 자라기 어려워 굳이 세제를 쓰지 않아도 된다. 콤부차가 증발하면서 지저분해진 상단 부분을 흐르는 물로 깨끗하게 씻어준 후 소독만 해도 충분하다. 단 소독은 필수다.

2. 차 우리기

1L 병을 기준으로 녹차나 홍차를 2g 준비한다. 발효병에 스트레이너를 장착 후 찻잎 2g을 넣어준다. 찻잎이 충분히 젖을 수 있도록 90도의 물 600ml를 천천히 따라주고 5분간 우린다. 5분이 지나면 스트레이너를 제거해준다.

tip

차를 우릴 때는 스트레이너를 사용하여 잎차가 충분히 펴질 수 있는 공간을 넉넉하게 주는 것이 좋다. 일반적으로 차를 마실 땐 조금 더 낮은 온도에서 짧게 우리는 것이 정석이지만, 콤부차를 만들 땐 온도와 시간을 조금 더 강하게 우려낸다. 형태를 그대로 보존하고 있는 차를 추천하지만 여의치 않다면 티백을 사용해도 괜찮다. 티백을 구하기 어려운 경우에는 다시백을 쓰는 방법이 있다.

3. 설탕 넣기

설탕은 보통 물양의 1/10을 넣어주는 것이 일반적이다. 물을 600ml 넣었으니 60g의 설탕을 넣으면 되지만 50g의 설탕을 권장한다. 50g만으로도 충분히 발효가 잘 일어나며 혹시라도 짧게 발효하여 미처 발효되지 못한 잔여 당이 몸에 그대로 흡수되는 것을 줄일 수 있기 때문이다. 활발한 발효를 위해 설탕을 많이 넣는 경우 오히려 발효가 느려질 수 있으니 물의 양에서 1/10을 전후로 크게 벗어나지 않는 편을 추천한다. 차에 설탕 알갱이가 남아 있지 않도록 잘 녹여준다.

4. 배양액 식히기

이제 유익균을 키울 수 있는 배양액이 준비가 되었다. 하지만 지금 바로 균을 투입해서는 안 된다. 찻물을 식혀주는 것이 중요하다. 콤부차 안의 유익균들은 60도 이상에서는 즉사하며, 45도 이상에서 1~2시간 방치 시 사멸한다. 그러므로 높은 온도로 우린 찻물을 식히는 과정이 꼭 필요하다. 조금 차갑게 느껴지는 온도에 넣는 것이 가장 좋다.

tip

- 빠르게 식히기 위해서 발효조에 쿨러 스틱을 넣거나, 병뚜껑을 닫고 젖은 수건으로 감싸 냉장고에 두거나, 칠링 바스켓에 식히는 방법도 있다. 발효조의 내부에 직접 쿨러 스틱을 넣을 때는 꼭 소독한다.
- 차를 찬 물에 냉침하는 경우에는 미미한 차이로 발효에 도움이 되는 성분이 충분히 우러나오지 못한다. 그렇기 때문에 고온의 물에서 우려낸 차보다 발효에 불리하다는 단점이 있다. 0~5도 정도로 냉장 온도보다 높은 온도에서 침출하는 경우 곰팡이 균에 노출될 위험이 있으니 냉장고에서 12~24시간 사이로 냉침 후 발효에 사용하는 것이 좋다.

5. 종균(스코비+원액) 넣기

배양액이 충분히 식었다면 이제 스코비를 넣어줄 차례이다. 소독한 집게를 이용하여 튼튼한 스코비를 한 장 넣어준다. 병의 바닥에 가라앉히면 추후 생길 베이비 스코비와 분리하기 쉽다. 잘 가라앉지 않는다면 억지로 가라앉힐 필요는 없다.

튼튼한 스코비를 넣었다면 이제 원액을 넣어준다. 원액과 스코비를 합해 300g 정도를 넣어주면 되는데 스코비가 작다면 원액을 그만큼 많이 넣어주면 된다. 원액과 스코비 중 하나만 있어도 발효가 가능하지만 둘 다 있을 때 발효가 더 활발하게 일어나니 가능하다면 둘 다 넣어주는 것이 좋다. 원액은 병의 입구까지 가득 채우지 않는 것이 좋다. 보통 병목 부분은 좁게 디자인된 경우가 많은데 이 경우 상대적으로 작은 크기의 스코비가 생길 수 있다. 발효하면서 자연스럽게 발생하는 이산화탄소가 미처 베이비 스코비 밖으로 빠져나가지 못하고 갇히게 되는 경우가 종종 있다. 이 기포로 인해 스코비의 모양이 풍선처럼 부풀거나 공중에 뜨게 되는데 이때 병에 여유 공간이 없다면 스코비가 병 밖으로 탈출하게 되는 일이 생길 수도 있다.

6. 보관하기

원액까지 모두 넣었다면 이제 통기성이 좋은 천으로 입구를 덮어 산소는 통하되 먼지와 벌레들이 침입할 수 없도록 꼼꼼하게 끈으로 조여 마무리해준다. 그리고 직사광선이 닿지 않고 공기 순환이 잘되는 적정한 온도의 공간에 둔다. 그럼 콤부차 발효를 위한 준비는 모두 끝이다.

처음에는 익숙하지 않아 잘 이해가 되지 않고 어려울 수 있다. 하지만 발효 과정을 한번 진행해보면 자전거를 배울 때처럼 어느 순간 익숙하게 콤부차를 만들 수 있게 된다. 이제 우리가 할 몫은 끝났으니 천천히 발효의 시간을 지켜보자. 하루 이틀이 지나고 콤부차 병을 확인하다 보면 느리지만 분명히 달라진 모습을 볼 수 있다. 흰색 혹은 갈색의 가닥들이 표면을 향해 올라가는 듯한 모습을 보이거나, 병 가까이 갔을 때 새콤한 향이 코끝에 느껴지고, 병을 톡톡 건드려 보았을 때 얇은 막이 표면에서 찰랑거리는 것을 확인할 수 있을 것이다. 단 너무 세게 흔들면 베이비 스코비가 가라앉아버릴 수 있으니 조심한다.

발효 중인 콤부차에 생긴 이 얇은 막은 하루하루 지날수록 점점 두꺼워져 처음에 넣어준 스코비 같은 형태가 되는데 이때 얇은 막들이 표면으로 올라가 새로운 베이비 스코비가 생긴다. 시간이 지나 베이비 스코비가 마더 스코비만큼 두꺼워지면(1L 병 기준 0.5~1cm) 발효가 완료되었다고 볼 수 있다. 스코비 한 장과 원액 300ml로 첫 발효를 시작한 당신은 이제 두 개의 스코비, 1L의 콤부차를 갖게 되는 것이다.

1차 발효가 끝난 콤부차를 활용하는 방법

1차 발효가 끝난 콤부차는 세 가지 방법으로 활용할 수 있다. 첫 번째는 일부를 바로 병에 옮겨 담아 냉장 보관하여 마시는 것이다. 두 번째는 좋아하는 재료를 첨가해 2차로 발효하는 방법이 있다. 2차 발효를 하면 탄산감이 풍부해지고, 과일이나 허브, 청 등의 재료를 넣어 새로운 맛과 향을 첨가할 수 있다. 마지막 세 번째는 계속 발효를 진행하며 양을 늘리는 것이다. 1차 발효가 완료된 콤부차를 새로운 스타터로 사용해 새로운 발효를 이어가면 꾸준히 양을 늘릴 수 있다.

1차 발효 후 1~2주 지났다면 새로 생기는 베이비가 마더 스코비만큼 두꺼워졌을 것이다. 스코비의 두께가 0.5~1cm 정도의 두께가 되었다면 새로운 발효를 시작할 타이밍이다. 스코비가 0.5cm일 땐 단맛이 강한 콤부차가 되고, 1센티미터 정도 두께라면 신맛이 강한 콤부차가 되니 새로운 발효로 넘어가는 타이밍은 본인의 입맛에 맞추면 된다.

1차 발효가 끝난 콤부차의 양을 계속 늘릴 수 있지만 음용량이 적은 일반 가정집에서 무한대로 자라나는 스코비를 감당하기는 조금 어려울 수 있다. 이럴 땐 원액을 전부 재발효에 사용하지 않고 마셔주거나, 여러 번 사용한 스코비를 소진한다. 이때 3~5회 사용한 스코비부터 차례대로 소진하면 된다. 남은 스코비를 활용하는 레시피는 3장을 참고하면 된다.

● 1차 발효를 계속해서 양을 늘리기

1 첫 번째 발효한 병과 동일한 용량으로 두 개의 발효병을 준비한다.

2 첫 발효와 동일하게 병을 소독하고, 찻물을 우리고, 설탕을 넣은 600ml의 배양액 두 병을 만들어준다.

3 첫 번째 발효한 병의 마더 스코비를 한 병에 그리고 새로 생긴 베이비 스코비를 나머지 한 병에 넣어준다.

4 스코비를 꺼내고 남은 콤부차 원액을 첫 번째 병과 두 번째 병에 각각 1/3씩 넣어준다. 두 병에 나누고 남은 1/3의 콤부차는 마시거나 2차 발효를 할 수 있다.

---

tip 첫 주에는 1/3 정도인 200ml 전후의 콤부차만 마실 수 있어 감질나겠지만 발효를 진행할수록 두 배씩 늘어나기 때문에 여러 번 발효하며 양을 늘릴 수 있다. 어느 정도 만족할 만한 양이 된다면 여러 번 사용한 마더 스코비부터 소진한다. 대부분 스코비를 음식물 쓰레기로 버리고는 하는데 스코비는 먹을 수 있으며 몸에 굉장히 좋다.

스코비를 보관하는 방법

'스코비 호텔'은 콤부차를 장기 보관하기 위한 가장 안전하고 합리적인 방법이다. 듣기만 해도 미소가 지어지는 귀여운 이름이다. 스코비가 유리병에 하나씩 차곡차곡 쌓여 있는 모습을 보면 든든한 느낌까지 들기도 한다. 콤부차를 만들다 보면 어느 순간 바빠지거나 여행, 출장 같은 일정이 생기면서 콤부차를 돌보기 어려워지는 순간이 올 수 있다. 그럴 때 우리는 스코비 호텔을 지어주면 된다. 2~3달에 한 번씩 안부를 확인해주기만 하면 평생 보관도 가능한 방법이다. 몇 년 후 다시 콤부차를 만들고 싶을 때 다시 꺼내어 발효도 가능하다. 이렇게까지 보관할 수 있다니 만드는 방법이 거창할 것 같지만 사실 간단하다.

스코비 호텔을 만들고 나서 한동안 베이비 스코비가 생길 수 있는데 이는 자연스러운 현상이다. 어느 정도 두꺼워지면 소독한 도구로 스코비를 표면에서 밀어 가라앉혀 주는 것이 좋다. 병 안의 원액이 모두 식초화가 되면 베이비 스코비는 더 이상 생기지 않는다. 냉장고에 넣으면 오히려 발효가 잘 진행되지 않거나 곰팡이가 날 수 있으니 상온에서 보관하도록 한다.

• 스코비 호텔 만들기

1 기존 발효병과 지름이 같거나 큰 병을 깨끗하게 소독한다.

2 스코비의 효모 가닥처럼 지저분한 것들은 살짝 다듬고 나서 병에 넣어준다. 이때 생수나 콤부차 원액으로 씻어주는 것이 좋다. 효모 가닥을 다듬어주지 않으면 효모들이 가라앉아 쿰쿰한 맛을 낼 수 있다.

3 차곡차곡 쌓인 스코비들이 잠길 만큼 콤부차 원액을 넣어준다.

4 입구를 깨끗하게 정리해준 후 공기가 잘 통하는 덮개를 덮고 빈틈이 없도록 해준다. 이대로 공기가 잘 통하는 공간에서 상온에 둔다.

slown

스코비 호텔 관리&활용법

스코비 호텔 안에 베이비 스코비가 자란다면?

처음 스코비 호텔을 만들고 많은 분들이 당황하는 것이 바로 스코비 호텔 안에 스코비가 또 생기는 것이다. 평소보다는 느리지만 초반에는 전에 넣어두었던 남은 당으로 발효가 일어나 스코비가 생기게 된다. 이는 아주 자연스러운 현상이니 처음에 스코비들을 넣을 때 베이비가 생길 여유 공간을 남겨두면 좋다.

스코비 호텔 관리법

호텔을 만들고 최초 몇 회는 베이비 스코비가 생긴다. 베이비 스코비가 너무 두꺼워지면 병의 하단까지 산소가 도달하지 못할 수 있으니 1cm 이상 두꺼워졌다 싶으면 소독한 도구로 눌러서 가라앉힌다. 당분을 추가하지 않고 서늘한 상온에서 보관하면 점점 베이비 스코비가 자라지 않을 것이다.

시간이 지나면 자연스럽게 콤부차가 증발되어 원액의 양이 점점 줄어든다. 이때 스코비가 건조하지 않도록 증발한 만큼의 배양액 혹은 원액을 간간히 넣어 상태를 유지하는 것이 중요하다. 건조해지면 그 부분은 pH가 유지되지 않아 곰팡이가 필 수 있다. 장기 보관이 가능하지만 청결하게 관리해주기 위해 2~3달에 한 번씩 정기적으로 청소해주는 것이 좋다.

● 장기 보관한 스코비 호텔 관리법

장기간 스코비 호텔을 보관하고 있다면 바닥에 하얀색 혹은 갈색의 침전물들을 확인할 수 있다. 이것은 휴식기의 효모이다. 콤부차 원액 안에서 열심히 당분을 먹으며 발효하다가 먹이인 당분이 다 떨어지자 바닥에 가라앉아 휴식기에 들어간 것이다. 이렇게 많이 가라앉은 효모는 다음 세척 때 함께 옮기지 말고 제거해야 콤부차의 깔끔한 맛을 유지할 수 있다. 버려지는 효모가 아까운 경우에는 모아두었다가 빵을 만들 때 넣어 발효빵을 만들 수도 있다.

● 스코비 호텔 안의 원액 사용법

호텔 안의 스코비와 콤부차는 산도가 매우 높다. 이 원액을 그대로 다시 발효에 사용할 경우 너무 시큼한 콤부차가 될 수 있다. 양을 줄여서 전체 용량의 10~20% 정도만 넣어도 충분하다. 그리고 키우던 콤부차가 약해졌을 때 스코비 호텔 안의 원액을 한두 스푼 떠서 넣어주면 시들시들하던 콤부차가 다시 튼튼하게 발효되는 것을 볼 수 있다. 또 하나의 호텔에 스코비를 모두 모아두는 것보다는 여분의 호텔을 두는 것을 추천한다. 하나에 모두 모아두었다가 운 나쁘게 곰팡이가 생긴다거나 실수로 오염될 경우 튼튼한 스코비를 모두 잃게 될 수 있기 때문이다.

탄산이 강한 콤부차로 만들기 : 2차 발효

1차 발효를 거친 콤부차는 생각보다 탄산이 적다. 탄산이 풍부하고 청량한 콤부차를 원한다면 2차 발효를 거쳐야 한다. 1차 발효에서는 입구가 넓은 용기를 발효조로 사용해 산소와의 접촉 면적을 넓혀 발효했다면, 2차 발효는 입구가 좁고 밀봉이 가능한 병에 한다. 이미 발효가 완료된 콤부차를 2차 발효 용기에 넣고 좋아하는 재료와 함께 짧은 기간 발효하면 미량의 알코올과 탄산감이 함께 생겨난다. 이때 생겨나는 알코올은 아주 미량이어서 논알코올로 분류된다.

많은 분들이 2차 발효한 콤부차를 선호하는데 탄산감이 가득하고 다양한 재료를 넣어 베리에이션을 할 수 있기 때문이다. 탄산이 가득한 2차 발효 콤부차는 오픈할 때 뻥 소리를 내며 탄산이 올라오기 때문에 콤부차계의 샴페인이라 부르기도 한다. 우선 플레인 2차 발효 콤부차를 만드는 법을 배워보자.

먼저 준비물로는 밀폐가 가능한 스윙탑 유리병이 필요하다. 사각형의 디자인보다는 바닥이 둥근 원형 유리병을 구매하는 것이 좋다. 2차 발효를 하면서 생각보다 많은 탄산과 압력이 생기게 되는데 이때 사각형의 유리병을 사용하면 압력이 모서리로 모이면서 병이 폭발하는 경우가 생긴다.

● 1차 발효가 완료된 콤부차를 2차 발효하기

1 깨끗하게 소독한 병에 1차 발효가 완료된 콤부차를 넣어준다.

2 설탕을 넣으면 단맛과 탄산을 증가시킬 수 있으니 기호에 따라 설탕을 추가한다.

3 밀폐한 후 상온에서 2~7일 정도 발효한다. 집 안의 온도가 높은 여름철에는 2일이면 충분하고 겨울철에는 7일 정도 두면 탄산감이 충분히 생긴다.

4 2차 발효가 완료된 콤부차는 냉장고에 넣어 보관한다.

---

tip

너무 많은 양의 설탕을 추가하면 짧은 기간 동안 충분히 발효되지 못해 남은 당을 그대로 섭취하게 될 수 있으니 유의한다. 냉장고에 넣은 콤부차는 차가워지면 바로 마실 수 있으며 냉장 보관 시 6개월 정도 보관이 가능하다. 보관이 잘 된다면 와인처럼 장기 숙성하여 마시는 것도 가능하다.

• 트림시키기(Burping)

집에서 콤부차를 만드는 많은 분들이 잘못된 용기를 사용해서 또는 당분 조절을 잘못해서 병이 압력을 못 이기고 깨지는 경우가 많다. 초보자는 어느 정도의 탄산이 생기는지 알지 못하기 때문에 트림을 시키듯 탄산을 빼주며 그 양을 가늠해볼 수 있다.

스윙병의 뚜껑을 손바닥으로 눌러준 후 누르는 힘을 유지한 상태로 반대 손을 이용하여 병을 오픈해준다. 손바닥의 힘을 조금 빼보면 탄산이 빠져나가는 것이 느껴진다. 이때 빠져나가는 압력이 세다면 탄산을 살짝 빼준 후, 뚜껑을 바로 닫아 냉장 보관하면 된다. 만약 손바닥에 느껴지는 탄산의 압력이 약하다면, 다시 닫아 상온에 좀 더 두었다가 냉장 보관해주면 된다.

---

tip

• 밀폐된 콤부차는 꼭 냉장 보관한다. 상온에 보관하면 과도하게 탄산이 발생하여 병이 파손될 수 있기 때문이다.

• 동그란 바닥의 내압병을 쓴다면 깨지는 일이 흔하지는 않지만 항상 주의하는 것이 좋다. 병이 파손되지 않더라도 과도한 탄산 때문에 개봉할 때 많은 콤부차를 흘리게 된다.

콤부차 맛을 조절하는 방법

● 차를 선택하기

우리가 차로 마시는 것들은 차와 차가 아닌 대용차로 나뉜다. 차를 사전에 검색하면 차나무, 차나무의 잎을 달인 물, 식물을 활용하여 마시는 것의 총칭, 이렇게 세 가지 뜻을 찾아볼 수 있다. 여기서 '차나무의 어린잎을 달이거나 우린 물'이 차의 정석이다. 차나무의 학명은 카멜리아 시넨시스로 카멜리아는 동백나무를 뜻한다. 우리가 흔히 알고 있는 녹차, 홍차, 보이차는 사실 다른 잎이 아니다. 차나무에서 딴 잎을 어떻게 가공하느냐에 따라 다르게 부르는 것이다.

주변에서 흔히 만날 수 있는 녹차, 홍차, 백차, 청차, 흑차, 황차를 6대 다류라고 부른다. 곡물차나 허브차 같은 대용차로도 콤부차의 발효가 가능한데 경우에 따라 발효가 어려운 재료도 있으니 초보자는 6대 다류의 차를 기본으로 발효하는 것을 추천한다.

차는 하나의 다류 안에서도 정말 많은 차들이 있고, 나라별 특징이 다르다. 홍차는 다르질링, 아쌈, 기문홍차 등으로, 백차는 백호은침, 백모단 등으로 디테일하게 분류할 수 있기 때문에 차를 깊이 배울수록 더 다양한 콤부차 맛을 낼 수 있다. 차의 종류뿐만 아니라 차를 우리는 도구와 방법도 차의 맛에 영향을 준다. 주전자 전체에 차를 우려낸 후 스트레이너를 활용해 차를 건져내는 방법, 개완이나 자사호 같은 중국식 다구를 사용하는 방법, 그리고 간편하게 차를 우릴 수 있는 표일배를 사용하거나, 스트레이너 안에 티를 넣어 우린 후 스트레이너를 건져내는 등 차를 우리는 도구와 방법에 따라 차의 맛이 달라진다.

● 6대 다류

백차

백차는 산화를 억제하지 않은 공정이 제일 적은 차다. 어리고 품질이 좋은 잎들로 만들며 투명한 수색과 은은하고 부드러운 향이 특징이다. '유념'이라고 하는 차를 비비는 과정이 없어서 찻잎의 모양이 비교적 온전하고 보송보송한 솜털이 많다. 솜털을 은침 혹은 페코(Peko)라고 하는데 이런 페코가 많을수록 비싼 가격에 판매된다. 은은한 꽃 향이나 과일 향이 나기도 하고, 색이 아주 맑고 은은한 향이 나는 여리여리한 콤부차가 된다.

녹차

산화를 억제한 비산화차로 맑고 단아한 맛을 가졌으며, 세계 최초로 발명된 차다. 녹차는 우리나라, 일본, 중국에서 많이 생산되는데 나라마다 녹차의 특성이 각각 다르다. 녹차는 우렸을 때 수색이 옅은 노랑이나 녹색을 띤다. 어린잎으로 만들수록 순하고 고소한 맛이 나고, 익힌 밤 향이 달콤하게 나기도 한다. 녹차로 콤부차를 만들면 배처럼 시원한 향과 맑은 수색 그리고 깔끔한 하얀색의 베이비 스코비를 얻을 수 있다.

홍차

홍차는 산화 과정을 거친 산화차다. 찻잎이 갈색이나 흑색을 띠며 수색은 주황빛 혹은 붉은빛을 띤다. 애플사이다의 향이 나고 꿀 향도 느껴진다. 많은 분들이 콤부차의 베이스로 홍차를 선호한다. 2차 발효할 때 열대 과일의 향이 풍부하게 느껴지고, 달콤한 과일 향과 잘 어울리기 때문이다. 수색이 스코비에 영향을 미치기 때문에 약한 갈색의 스코비가 생성된다.

청차

청차는 우롱차라는 이름으로 더 익숙할 것이다. 무이암차, 대홍포, 철관음, 동방미인 등이 있으며 제조 과정이 굉장히 복잡하다. 산화를 억제해서 만든 반산화차, 부분 산화차라고 불린다. 얼마만큼 산화했는지에 따라 맛과 색이 크게 차이가 나는데 산화를 적게 시킨 것은 청향 우롱차로 분류하며 녹차와 비슷한 특징을 가진다. 반대로 산화를 많이 시킨 청차일수록 농향 우롱차로 분류하며 홍차와 비슷한 특징을 가진다.

흑차

흑차는 보이차라는 이름으로 알려져 있다. 홍차가 산화 과정을 거친다면 흑차는 발효 과정을 거친다. 보통 흑차는 장기간 보관해야 하는 특성 때문에 일반적인 차와 달리 단단하게 압축된 형태로 판매된다. 흑차로 콤부차를 만든다면 먼저 긴압된 보이차를 풀어서 해체해야 한다. 그리고 장기간 숙성 발효되면서 쌓인 먼지나 오염물들을 씻어내는 세차 과정이 필요하다. 요즘은 과거에 비해 위생적으로 차를 만들기 때문에 세차로 인한 향과 맛의 손실이 걱정된다면 세차를 생략해도 좋다.

우리가 보통 차를 마실 때는 2~3분가량 우리지만 중국차는 10~20초씩 짧게 우린다. 콤부차를 발효할 때도 역시 다른 차보다 우리는 시간을 짧게 잡는 것이 맛의 밸런스가 좋다. 흑차로 콤부차를 발효하면 어두운색의 콤부차와 스코비가 만들어진다. 흑차 특유의 흙 향과 콤부차의 산미가 어우러져 독특한 맛을 내며 흑차로 만든 콤부차를 좋아하는 마니아층이 있다. 흑차 콤부차를 처음 도전한다면 보이생차로 발효하는 것을 추천한다.

황차

황차는 찻잎의 색상과 수색 그리고 찻잎 찌꺼기도 황색을 띤다. 6대 다류 중에서 가장 구하기 어려운데 다른 차들과는 달리 민황이라는 특이한 공정을 거친다. 그 과정에서 쌉싸름한 맛을 내는 카테킨 성분이 감소되어 순하고 부드러운 맛을 낸다.

---

tip

- 차를 우릴 때는 찻잎들과 물이 닿는 면적이 넓어야 한다. 차가 신나게 춤을 추는 점핑 과정을 거쳐야 맛이 충분히 우러나기 때문이다. 최대한 티들이 점핑할 수 있는 공간을 확보하여 우려주면 더 맛있는 차를 마실 수 있다
- 작은 티백 안에 있으면 차가 충분히 우러나기 어렵다. 또 보통 티백 안에 들어가는 찻잎들은 상대적으로 등급이 낮은 차일 수 있으니 온전한 잎의 모양을 가진 차를 구매하는 것을 추천한다.

● 당을 선택하기

꽤 많은 분들이 제2형 당뇨병을 예방하거나 관리하기 위해서 콤부차 클래스에 참여한다. 콤부차가 혈당 수치를 낮춰준다는 연구 결과가 있기 때문이다. 그런데 콤부차를 처음 만들면 생각보다 많은 양의 설탕이 들어간다는 사실에 흠칫 놀라는 모습을 본다. “선생님, 설탕의 양을 줄여도 되나요?” 또는 “설탕 대신 꿀을 써도 되나요?” 하고 질문을 받는 일이 많다. 당분은 중요한 먹이이기 때문에 양을 줄이거나 대체하면 오히려 발효가 일어나지 않을 수 있고, 심지어 곰팡이가 생길 수도 있다. 발효에 적절한 당은 무엇일까?

사탕수수

먼저 우리가 먹는 설탕을 만들기 위해 보통 쓰이는 재료는 사탕수수다. 사탕수수의 잎을 제거하고 즙을 내고 끓여서 나온 것을 당밀이라고 하는데 진득한 시럽 형태다. 이 당밀은 특유의 맛을 가지고 있다. 누군가는 캐러멜, 누군가는 한약재에 비유하기도 하는데 일반 설탕과는 다른 고급스러운 단맛이 느껴진다. 당밀로도 콤부차 발효가 되긴 하지만 당밀은 끈끈한 시럽으로 뜨거운 물이 아니면 잘 녹지 않으며 발효 기간도 상대적으로 오래 걸린다. 또 특유의 향에 콤부차의 향이 더해져 호불호가 갈리는 맛이 된다. 그러므로 당밀은 1차 발효에 사용하기보다는 2차 발효를 할 때 아주 조금 단 맛과 향을 입히기 위한 정도로만 사용하는 것이 좋다.

설탕

가장 기본적으로 쓰이며 대중적으로 구할 수 있는 재료다. 설탕은 정제 설탕과 비정제 설탕으로 나뉜다. 비정제 설탕은 사탕수수를 채취하여 정제하지 않은 것으로 사탕수수에 함유된 미네랄과 무기질 등의 영양소를 그대로 함유하고 있다. 사탕수수를 잘게 분쇄해서 분말로 만들어 가열 작업을 거치고 원심 분리기에서 불순물만 제거한 것을 사탕수수 원당이라고 하는데 정제가 되지 않아 옅은 황갈색을 띄고 있다. 똑같은 비정제 원당이라고 해도 생산되는 나라나 공장에 따라 색이나 결정이 다르다. 때에 따라서는 발효할 차에 따라 설탕을 다르게 쓰기도 한다. 색이 중요한 콤부차를 만들 땐 색과 향이 연한 브라질 지역의 고이아사를, 조금 더 묵직한 맛을 내고 싶을 땐 무스코바도를 블렌딩하기도 한다.

무스코바도는 당밀의 수분을 날리고 결정화시킨 것이다. 사탕수수의 당분은 유지하면서 수분만 날렸기 때문에 당밀 특유의 맛과 향이 남아 있다. 일반 설탕보다 색이 굉장히 진하고 입자가 거칠어서 만지면 촉촉한 모래 같은 느낌이 난다.

일반 설탕에 비해 미네랄이나 비타민 등이 풍부하지만 차의 색이 굉장히 진해지고, 스코비도 짙은 갈색을 띠게 된다. 당밀과 마찬가지로 발효가 아주 느리게 진행된다는 특징이 있다. 만약 비정제 설탕을 구매하기 어렵다면 마트에서 쉽게 구할 수 있는 백설탕을 사용하면 된다. 백설탕은 비정제 설탕을 정제하는 과정을 거쳐서 당밀을 완전히 분리한 설탕이다. 콤부차 발효 시 백설탕을 넣으면 발효가 빨리 일어나고, 황설탕이나 흑설탕은 발효 속도가 백설탕보다 조금 느린 편이다.

대체당

대체당으로 주로 사용되고 있는 스테비아나 자일로스 설탕은 콤부차 발효에 사용할 수 없다. 이 경우는 단맛만 날 뿐 효모나 박테리아의 먹이가 될 수 없기 때문에 기존에 넣어주었던 설탕의 당분이 모두 소진되고 나면 발효를 멈추게 된다. 코코넛 설탕이나 메이플시럽은 발효가 일어나기는 하지만 일반 설탕과 발효 속도와 레시피를 다르게 운영하는 것이 좋다. 당분이 걱정된다면 발효 기간을 늘리거나 2차 발효를 할 때 추가 설탕을 넣지 않으면 된다.

[설탕 분류표]

설탕	비정제 설탕	정제 설탕		
종류	무스코바도, 파넬라, 라파두라, 재거리, 고쿠토 등	백설탕	황설탕	흑설탕
특징	최소한의 공정만 거친 원당	무색무취, 표백과 결정화 공정이 들어간 정제 설탕	백설탕에 열을 가해 캐러멜라이징 현상이 일어난 설탕	백설탕에 캐러멜 또는 당밀 등으로 색을 낸 설탕

꿀

생꿀을 사용하면 꿀 안에 들어있는 박테리아와 콤부차의 박테리아가 충돌하여 균에게 악영향을 끼치고 곰팡이가 필 수 있다. 콤부차를 만들 때 꿀을 사용하는 것을 추천하지 않지만, 만약 꼭 꿀을 쓰고 싶다면 준 콤부차 스코비를 분양받아서 사용하는 방법이 있다. 외관상으로는 일반 콤부차와 크게 다르지 않고 만드는 방법도 거의 같다. 꿀 특유의 단맛과 향 때문에 일반 콤부차와는 또 다른 매력을 가지고 있다.

콤부차를 맛있게 마시는 방법

● 맛이 강하게 발효된 콤부차

산미가 높은 콤부차는 얼음이나 물을 넣어 온도를 낮추고 희석해서 마시는 것이 좋다. 신맛이 강한 상태에서 당도만 모자란 경우는 설탕보다는 사과주스나 배주스 등의 과일주스를 넣어 마시는 것을 추천한다.

● 밸런스가 좋은 상온의 콤부차

맛을 희석시키기 아쉬운 완벽한 밸런스의 콤부차를 시원하게 마시고 싶을 땐 아이스 콤부차 혹은 콤부 팝시클 등을 활용하면 좋다. 얼음이 녹아도 콤부차의 맛을 유지할 수 있다. (아이스 콤부차 만드는 법은 104p 참조)

● 콤부차가 맛있는 온도

가장 맛있게 먹을 수 있는 콤부차의 온도는 8~10도다. 탄산감이 많은 2차 발효 콤부차라면 탄산감이 적은 콤부차보다 더 낮은 온도에서 마시는 것이 풍부한 탄산을 유지하기에 좋다.

콤부차를 만들고 보관할 때 주의할 사항

곰팡이

여러 가지 형태로 자라는 곰팡이는 가장 경계되는 대상이다. 제대로 소독이 안 되었거나 주변의 장소가 지저분한 경우, 혹은 균이 약하거나 재료가 오염되어 있었을 때 곰팡이가 피어난다. 곰팡이는 우리가 눈으로 보는 것보다 뿌리가 깊기 때문에 긁어내거나 떼어내도 다시 생길 확률이 높다. 오염된 콤부차는 폐기한 후 닿았던 발효조나 도구까지 모두 소독해야 한다.

[곰팡이의 모습]

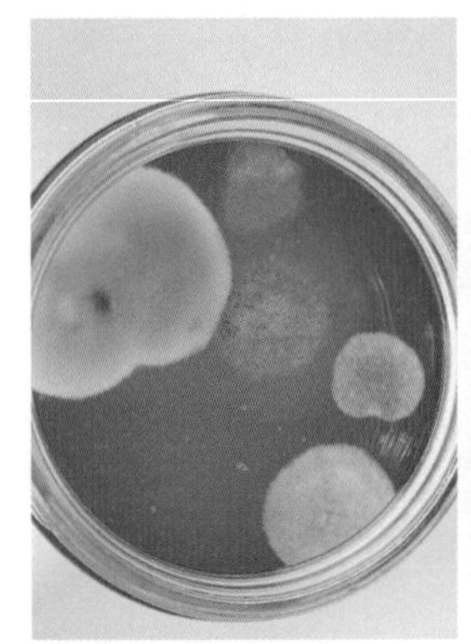

간혹 모양이 특이하게 생성된 스코비나 효모 가닥이 짙은 색으로 떠 있는 경우 곰팡이로 혼동할 수 있다. 사실 곰팡이와 곰팡이가 아닌 것을 구분하기는 쉽다.

생성되는 위치나 모양이 다르기 때문이다. 효모 가닥은 스코비의 아랫면이나 옆면, 혹은 콤부차 액체에 잠겨 있는 경우가 많다. 반면에 곰팡이는 스코비의 윗면이나 산소와 만나는 부분에 생기는 경우가 많다. 그리고 자세히 보면 효모 가닥은 촉촉하게 젖어 마치 갈색의 매생이처럼 보이는 반면 곰팡이는 마치 털처럼 보송보송하다. 구분이 잘 안 되어 고민이 될 땐 계속 둬보면 된다. 효모 가닥은 퍼지지 않지만, 곰팡이의 경우는 점점 퍼지며 커지기 때문이다.

[곰팡이로 오인하기 쉬운 스코비의 모습]

위 사진 속 스코비들은 곰팡이는 아니지만 캄효모(kahm yeast)와 같은 기타 효모나 기타 균이 자랄 때 보이는 현상이다. 먹어도 인체에는 무해하다고 알려져 있지만 냄새나 맛이 좋지 않아 다른 병에 옮지 않게 조심하는 것이 좋다. 그리고 이 밖에도 간혹 곰팡이처럼 보이는 스코비의 작은 점들은 차를 우릴 때 발생한 가루일 확률이 높다. 가라앉았던 작은 찻가루들이 기포나 스코비가 형성될 때 같이 위로 올라와 스코비에 박히는 경우가 생긴다. 이럴 땐 작은 점들이 점점 더 퍼지는지 아니면 점의 형태를 유지하고 있는지 지켜보면서 판단하면 된다.

● 초파리

여름에는 관리를 잘하더라도 한두 마리의 초파리가 콤부차의 새콤달콤한 냄새에 이끌려올 수 있다. 우리가 1차 발효 때 덮개를 씌우는 가장 큰 이유가 바로 이 초파리 때문이다. 아주 잠시라도 자리를 비워야 할 때는 꼭 뚜껑을 덮어야 한다. 뚜껑을 덮을 때도 두꺼운 끈이나 탄탄한 탄성의 고무줄을 이용하여 빈틈이 없게 만들어야 초파리가 침입하지 않는다. 간격이 불규칙한 덮개를 쓰면 초파리가 침투할 수 있으니 촘촘한 간격의 덮개를 쓰는 것이 좋다.

● 직사광선

마당이나 베란다에서 이불이나 베게 같은 것들을 햇빛에 말리는 이유는 살균 작용을 하기 때문이다. 콤부차는 균이 들어 있으므로 햇빛에 매우 약하다. 그늘진 곳에 두는 것이 제일 좋은 방법인데 부득이하게 햇빛을 피할 수 없는 경우에는 갈색의 병을 사용하여 보관하는 것을 추천한다. 하지만 이 또한 장시간 햇빛에 노출되면 곰팡이가 필 수 있다.

● 담배, 향초, 향수

콤부차는 깨끗한 공기를 좋아한다. 간혹 주방의 가스레인지 근처에 발효병을 두는 경우가 있는데 요리할 때 나오는 일산화탄소나 기타 냄새들이 콤부차가 튼튼하게 자라는 것을 방해할 수 있다. 또한 꽃, 디퓨저, 향수, 담배도 콤부차의 깨끗한 발효에 방해가 될 수 있으니 피해서 공기가 잘 통하는 곳에 둔다.

• 다른 발효 음식

발효 음식에 관심이 많은 분들은 콤부차뿐만 아니라 캐피어, 막걸리, 식초 등 다양한 발효 식품들을 같이 만들기도 한다. 이때 효모나 박테리아가 공기 중으로 옮겨 다니며 교차 오염이 생길 수 있다. 또 맛이 변할 수 있으니 가급적 떨어뜨려서 보관하는 것을 추천한다.

• 높은 온도

추운 겨울에 따뜻한 바닥으로 콤부차를 내려놓는 분들이 있다. 하지만 보일러를 틀면 공기의 온도는 적정해도 바닥은 그보다 훨씬 높은 온도다. 뜨거운 바닥, 특히 45도 이상의 온도에 장기간 노출되면 유익균들이 점점 사멸하게 된다. 그렇지 않더라도 콤부차의 향미가 쿰쿰하게 변하게 된다.

• 소독

사실 조금 게으르게 콤부차를 만드는 것은 좋은 식초를 만드는 방법이기도 하다. 하지만 소독을 게으르게 하는 것은 이야기가 다르다. 나는 매번 도구를 소독하는 것을 꼭 권장한다. 물론 한두 번 소독을 생략한다고 바로 곰팡이가 나지는 않는다. 하지만 한두 번 소독을 생략해도 곰팡이가 나지 않는 것을 보면 소독을 게으르게 할 수 있고, 모르는 사이에 콤부차가 점점 약해져 어느 순간 곰팡이가 생길 수 있다. 산도가 높아 튼튼한 콤부차의 경우 기타 유해균을 멸균할 수 있는 힘이 있지만, 유해균의 비율이 높아지는 경우는 전세가 역전된다. 그렇기 때문에 항상 소독만큼은 게을리하지 말고 꼼꼼히 해줘야 한다.

● 여름과 겨울 날씨별 대처법

온도가 높은 여름에는 발효가 빠르게 진행되어 산도가 빨리 올라오고, 추운 겨울에는 발효가 더디므로 산미가 천천히 올라온다. 그렇기 때문에 여름과 겨울의 발효 기간을 다르게 잡아줘야 한다. 집 안의 온도가 너무 들쑥날쑥하다면 택배 상자나 스티로폼 상자로 미니 발효실을 만들어 맛을 균일하게 유지할 수 있다. 1차 발효 시에는 뚜껑 부분을 뚫어서 환기가 잘되도록 한다. 추운 겨울철 온도를 맞추기 위해 핫팩이나 온열기를 사용하는 경우가 있는데, 콤부차 병에 닿는 온도가 45도를 넘을 때는 균들이 사멸할 수 있기 때문에 조금 떨어뜨려 주는 것이 좋다. 또 콤부차 병의 바닥보다는 옆면을 데워주는 것이 좋다. 효모는 바닥에 가라앉아 있는 경우가 많은데 이때 바닥을 데워주면 효모의 발효만 활성화되어 맛의 불균형을 이끌 수 있기 때문이다. 습도 역시 신경 써줘야 하는데 습도가 너무 높거나 낮은 경우 곰팡이 균이 자라기 쉽다. 특히 습도가 너무 낮은 경우는 콤부차가 계속 증발되어 농도가 과하게 진해질 수 있다는 것을 유의한다.

slown
slown
slown
slown
slown

Chapter 3

슬로운 콤부차 레시피

Step 1

손쉽게 콤부차 만들기

난이도

★☆☆☆

백차 콤부차

● 사진 속의 차는 백호 은침이다. 흰색의 솜털(백호)로 덮인 은색 바늘(은침)이기 때문에 생김새 그대로 차의 이름이 지어졌다. 백차는 어느 정도 훈련된 미각을 가져야 그 맛을 제대로 느낄 수 있을 정도로 은은한 맛과 향이 난다. 이전에 흑차나 홍차 등으로 발효했던 콤부차를 액종으로 쓸 경우 은은한 백차의 향이 묻힐 수 있다. 이 경우 세 번 정도 백차를 메인으로 발효하면 비로소 백차의 맛을 오롯이 느낄 수 있다. 발효 후 은은한 꽃 향이 나며 맛과 향이 진하지 않은 특징을 가지고 있다.

Ingredients

스코비 1장과 원액 300ml, 1L 유리병, 백차 3g, 물 600ml, 티팟 혹은 유리잔(600ml 이상), 티 스트레이너, 설탕 50g, 스푼, 집게, 저울, 덮개, 고무줄

Recipe

1 1L 유리병과 유리잔 및 도구들을 깨끗하게 소독한다.
2 소독한 유리잔에 백차 3g을 넣어준다.
3 95도의 물 600ml를 부어준 후 10분 정도 차를 우려낸다.
4 스트레이너를 이용해 찻잎을 걸러낸다.
5 식힌 찻물에 설탕 50g을 넣고 녹여 배양액을 만든다.
6 45도 이하까지 식힌 배양액에 스코비 한 장과 원액을 넣어준다.
7 덮개를 덮고 날짜와 레시피를 기록한 후 발효 공간에 둔다.

원액은 녹차나 백차를 발효한 것을 사용하기를 추천한다. 바로 발효용 유리병에 차를 우려도 되지만 투명 유리잔에 우리면 곧게 서서 춤을 추는 백차의 모습을 지켜보는 즐거움을 느낄 수 있다.

녹차 콤부차

● 녹차를 이용한 콤부차는 홍차나 보이차로 만든 콤부차보다 밝은 수색이며, 스코비 또한 맑은 하얀색으로 나오는 편이다. 녹차를 콤부차로 발효하면 원액에서 시원하고 청량하며 깔끔한 맛이 난다. 초보자는 녹차 콤부차를 기본으로 시작하는 것을 추천한다.

Ingredients

스코비 1장과 원액 300ml, 1L 유리병, 녹차 3g, 물 600ml, 티 스트레이너, 설탕 50g, 스푼, 집게, 저울, 덮개, 고무줄

Recipe

1 1L 유리병과 도구들을 깨끗하게 소독한다.
2 소독한 유리병에 스트레이너를 장착하고 녹차 3g을 넣어준다.
3 90도의 물 600ml를 부어준 후 5분 정도 차를 우려낸다.
4 스트레이너를 제거해준다.
5 식힌 찻물에 설탕 50g을 넣고 녹여 배양액을 만든다.
6 45도 이하까지 식힌 배양액에 스코비 한 장과 원액을 넣어준다.
7 덮개를 덮고 날짜와 레시피를 기록한 후 발효 공간에 둔다.

스트레이너는 공간을 최대한 활용할 수 있게 충분히 깊고 넓은 것을 사용하면 차를 더 맛있게 만들고 영양분이 충분히 우러날 수 있다. 마지막에 스트레이너에서 떨어지는 물방울을 차의 성분이 농축된 최고의 한 방울이기 때문에 골든 드롭(Golden Drop)이라고 한다. 스트레이너를 바로 제거하면 차가 물을 많이 머금고 있기 때문에 용량과 맛이 줄어들 수도 있다. 천천히 꺼내어 가장 감칠맛이 좋은 골든 드롭까지 떨어뜨려 주자.

홍차 콤부차

● 나는 평소 다르질링 홍차로 콤부차를 즐겨 만드는데 과실 향이 듬뿍 묻어나는 콤부차로 발효할 수 있기 때문이다. 종종 홍차로 1차 발효한 콤부차를 드시고 어떤 향을 입혔는지 또는 무슨 과일을 넣었는지 문의를 하시는 분들이 많았다. 홍차 콤부차가 얼마나 과실 향이 많이 느껴지는지가 드러나는 부분이다. 스코비가 조금 탁한 색으로 나오고 효모 가닥의 색이 진하게 나오기 때문에 곰팡이가 난 것이 아닌지 의심을 하시는 분들도 있는데, 짙은 효모 가닥이나 스코비의 색은 크게 문제가 되지 않는다.

Ingredients

스코비 1장과 원액 300ml, 1L 유리병, 홍차 티백(3g), 물 600ml, 티 스트레이너, 설탕 50g, 스푼, 집게, 저울, 덮개, 고무줄

Recipe

1 1L 유리병과 도구들을 깨끗하게 소독한다.
2 소독한 유리병에 홍차 티백 한 개를 넣어준다.
3 90도의 물 600ml를 부어준 후 5분 정도 차를 우려낸다.
4 티백을 제거해준다.
5 식힌 찻물에 설탕 50g을 넣고 녹여 배양액을 만든다.
6 45도 이하까지 식힌 배양액에 스코비 한 장과 원액을 넣어준다.
7 덮개를 덮고 날짜와 레시피를 기록한 후 발효 공간에 둔다.

보통 티백은 2g이지만 간혹 1g짜리 티백도 존재한다. 용량을 살펴본 후 용량이 적다면 두 개를 사용하도록 하자. 홍차의 경우 가향차가 많은데 가향차도 발효할 수 있다. 다만 계속 쓰게 되면 오일이 계속 다음 발효에 영향을 미쳐 향수처럼 독한 콤부차가 될 수 있으니 일반 홍차와 번갈아 쓰거나 가끔 사용하는 것을 권장한다.

우롱차 콤부차

● 우롱차는 동글게 말려 있는 공 모양으로 산화를 억제한 녹차와 산화를 시킨 홍차 사이 20~80%의 산화도를 가진 차다. 산화를 덜 시켜 녹차와 가까운 우롱차를 청향 우롱이라고 하고, 홍차와 가깝게 산화도가 높아 홍차와 가까운 우롱차를 농향 우롱이라고 하기도 한다. 녹차와 홍차의 특징을 함께 가지고 있다. 우롱의 종류로는 포종차, 백호오룡(동방미인), 동정 우롱, 철관음, 대홍포 등이 있으며 대만의 우롱차가 복합적인 향미로 유명하다. 여러 번 우려 마셔도 떫은맛이 올라오지 않고, 내포성이 좋은 차는 여러 번 우려 마실 수 있다.

Ingredients

스코비 1장과 원액 300ml, 1L 유리병, 우롱차 5g, 물 600ml, 티 스트레이너, 설탕 50g, 스푼, 집게, 저울, 덮개, 고무줄

Recipe

1 1L 유리병과 도구들을 깨끗하게 소독한다.
2 소독한 유리병에 스트레이너를 장착하고 우롱차 5g을 넣어준다.
3 90도의 물 600ml를 부어준 후 5분 정도 차를 우려낸다.
4 스트레이너를 제거해준다.
5 식힌 찻물에 설탕 50g을 넣고 녹여 배양액을 만든다.
6 45도 이하까지 식힌 배양액에 스코비 한 장과 원액을 넣어준다.
7 덮개를 덮고 날짜와 레시피를 기록한 후 발효 공간에 둔다.

흑차 콤부차

● 흑차는 보이차로 한국에서 더 많이 불린다. 크게는 보이생차와 보이숙차로 분류되며 숙성하여 원형이나 벽돌, 떡의 모양으로 긴압한다. 숙성되는 과정에서 생기는 특유의 향은 몰트 향이나 초콜릿 향과 비슷하다. 흑차를 콤부차로 발효하면 부드러운 산미와 더불어 귤피나 오렌지 같은 시트러스 향이 나기도 한다. 간혹 특유의 향과 콤부차의 상큼한 향이 어우러지지 못하고 발효가 될 경우 호불호가 갈릴 수 있다. 보이차의 경우 여러 번 우려 마실 수 있다. 작은 주전자 혹은 자사호를 이용하여 차를 우리고 점점 변화하는 맛을 느끼면 발효를 준비하는 시간도 즐거워질 것이다. 퇴수기(세차한 찻물 등을 버리는 그릇) 대신 콤부차 발효조를 두어 한 잔씩 마시고 남은 티는 종균에게 양보해보자.

Ingredients

스코비 1장과 원액 300ml, 1L 유리병, 흑차 5g, 물 600ml, 티 스트레이너, 설탕 50g, 스푼, 집게, 저울, 덮개, 고무줄

Recipe

1 1L 유리병과 도구들을 깨끗하게 소독한다.
2 작은 티팟에 흑차 5g을 넣어준다.
3 95도의 물 150ml를 부어준 후 10초씩 네 번 차를 우려낸다.
4 우려낸 차는 한 잔은 나의 잔에 나머지는 발효조에 따라준다.
5 한 잔 한 잔 바뀌는 차의 맛을 음미하며 발효조를 채워나간다.
6 식힌 찻물에 설탕 50g을 넣고 녹여 배양액을 만든다.
7 45도 이하까지 식힌 배양액에 스코비 한 장과 원액을 넣어준다.
8 덮개를 덮고 날짜와 레시피를 기록한 후 발효 공간에 둔다.

흑차를 한 번에 우려서 찻물을 만드는 경우 3g을 5분 우려낸다. 보이숙차로 만든 콤부차는 호불호가 갈릴 수 있다. 그럴 때는 보이생차로 콤부차를 만들어보자. 보이차는 처음 우릴 때는 진한 흑색이지만, 점점 콤부차의 색이 옅어져 발효가 완료될 때쯤에는 밝은 갈색이 된다.

Step 2

색다른 콤부차 만들기

난이도

Name
Date
Recipe
slown

히비스커스 콤부차

● 히비스커스로 1차 발효하는 경우 다른 재료보다 조금 느리게 발효가 될 수 있다. 미생물의 번식을 차단하고 억제해주는 성분 때문이다. 튼튼하지 않은 액종의 경우 곰팡이가 날 위험이 있지만 액종이 튼튼한 경우라면 발효에 큰 문제가 되지 않는다. 조금 더 튼튼하게 발효하고 싶다면 차를 함께 블렌딩하여 발효하면 히비스커스의 맛을 살리고 발효 완성도도 잡을 수 있다. 완성된 히비스커스 콤부차는 붉은 수색을 띠며 베이비 스코비는 옅은 핑크색을 띤다.

Ingredients

스코비 1장과 원액 300ml, 1L 유리병, 히비스커스 2g, 녹차 1g, 물 600ml, 티 스트레이너, 설탕 60g, 스푼, 집게, 저울, 덮개, 고무줄

Recipe

1 1L 유리병과 도구들을 깨끗하게 소독한다.

2 소독한 유리병에 스트레이너를 장착하고 히비스커스와 녹차를 넣어준다.

3 95도의 물 600ml를 부어준 후 10분간 차를 우려낸다.

4 스트레이너를 제거하여 준다.

5 식힌 찻물에 설탕 60g을 넣고 녹여 배양액을 만든다.

6 45도 이하까지 식힌 배양액에 스코비 한 장과 원액을 넣어준다.

7 덮개를 덮고 날짜와 레시피를 기록한 후 발효 공간에 둔다.

종균이 튼튼하면 굳이 녹차를 넣지 않고 히비스커스만으로 발효가 가능하다. 히비스커스 콤부차는 수색이 곱기 때문에 다양하게 베리에이션할 수 있다. 이렇게 발효한 콤부차를 다시 일반 차를 발효하는 액종으로 사용할 수도 있지만 히비스커스의 맛과 색상 등이 섞일 수 있다.

루이보스 콤부차

● 콤부차는 보통 녹차나 홍차를 사용하기 때문에 소량의 카페인을 함유한다. 만약 극소량의 카페인에도 예민한 사람이라면 임산부 차로도 유명한 루이보스차를 사용하는 것을 추천한다. 일반 차보다 난이도가 높은 편이지만 발효는 가능하다. 차나무의 잎으로 발효하는 차와는 다른 고소함과 은은한 향이 남아 루이보스 콤부차를 선호하는 분들도 많다.

Ingredients

스코비 1장과 원액 300ml, 1L 유리병, 루이보스 3g, 물 600ml, 티 스트레이너, 설탕 60g, 스푼, 집게, 저울, 덮개, 고무줄

Recipe

1 1L 유리병과 도구들을 깨끗하게 소독한다.
2 소독한 유리병에 스트레이너를 장착하고 루이보스를 넣어준다.
3 95도의 물 600ml를 부어준 후 10분간 차를 우려낸다.
4 스트레이너를 제거하여 준다.
5 식힌 찻물에 설탕 60g을 넣고 녹여 배양액을 만든다.
6 45도 이하까지 식힌 배양액에 스코비 한 장과 원액을 넣어준다.
7 덮개를 덮고 날짜와 레시피를 기록한 후 발효 공간에 둔다.

루이보스로 발효한 콤부차는 계속 루이보스로만 발효하면 발효액이 점점 약해질 수 있기 때문에 중간중간 다른 차를 섞거나 일반 차로 만든 콤부차 원액을 사용하면 발효에 도움이 된다.

Name
Date
Recipe
slown

커피 콤부차

● 콤부차와 커피라니 그 맛이 상상이 가지 않는 분들이 대부분일 것이다. 하지만 테이스팅 워크숍에서 의외의 매력으로 팬덤이 생기기도 했다. 버터 스카치 캔디에 레몬 한 조각을 올린 맛으로 설명할 수 있을 것 같다. 만약 2차 발효까지 하게 된다면 맥콜을 떠올릴 수도 있다. 커피 콤부차는 여러 가지 발효 방법이 있지만 반응이 제일 좋았던 냉침한 커피를 활용한 레시피를 소개한다.

Ingredients

스코비 1장과 원액 300ml, 1L 유리병, 분쇄 원두 45g, 물 850ml, 티 스트레이너, 설탕 50g, 스푼, 집게, 저울, 덮개, 고무줄

Recipe

1 1L 유리병과 도구들을 깨끗하게 소독한다.
2 커피 원두를 45g 넣고 물을 850ml 부어준다.
3 12~24시간 냉장고에 냉침해둔다.
4 스트레이너를 제거해주고 더 깔끔한 맛을 원한다면 커피 필터로 작은 가루들을 한번 더 걸러준다.
5 설탕 50g을 넣고 녹여 배양액을 만든다.
6 45도 이하까지 식힌 배양액에 스코비 한 장과 원액을 넣어준다.
7 덮개를 덮고 날짜와 레시피를 기록한 후 발효 공간에 둔다.

특별한 목적이 있지 않은 이상 커피 콤부차에 생긴 스코비는 다시 차를 발효하는 데 쓰지 않는다. 커피 오일이나 향이 다음 발효에 영향을 미칠 수 있다. 커피 콤부차는 발효하면서 짙은 색의 스코비가 생기며 간혹 짙은 색의 가닥들을 보고 곰팡이로 오해하여 폐기하는 분들이 있는데 대부분은 짙은 색의 효모 가닥이니 폐기 전 확인하는 것이 좋다.

Name
Date
Recipe
slown
100%
400
300
LITRE
200

코코넛 콤부차

● 코코넛워터를 이용하면 차를 우려 식히고 당분을 넣는 과정을 한 번으로 줄일 수 있다. 찻물과 설탕 대신 코코넛워터에 종균만 넣어도 발효가 가능하기 때문이다. 이때 설탕을 아예 생략해도 무방하지만 코코넛슈거를 넣어주면 스코비가 더 튼튼하게 자란다. 코코넛워터로만 발효하면 굉장히 맑고 연한 콤부차가 되고, 코코넛슈거를 넣으면 색이 진하고 특유의 깊은 향이 있는 콤부차가 된다.

Ingredients

스코비 1장과 원액 300ml, 1L 유리병, 코코넛워터 600ml, 비정제 원당 20g, 코코넛슈거 20g, 스푼, 집게, 저울, 덮개, 고무줄

Recipe

1 1L 유리병과 도구들을 깨끗하게 소독한다.
2 소독한 유리병에 코코넛워터 600ml를 넣어준다.
3 코코넛슈거와 비정제 원당을 각각 20g씩 넣고 녹여 배양액을 만든다.
4 스코비 한 장과 원액을 넣어준다.
5 덮개를 덮고 날짜와 레시피를 기록한 후 발효 공간에 둔다.

평소 발효할 때보다 설탕의 양을 줄이는 이유는 코코넛워터 자체에도 당분이 포함되어 있기 때문이다. 처음부터 설탕을 전부 다 코코넛슈거로 바꾸는 경우 실패할 확률이 높으니 조금씩 설탕의 양을 줄이며 코코넛슈거로 대체하는 것을 추천한다.

HONEY
LOVER'S
CHOICE
Specially Harvested
Name
Date
Recipe

준 콤부차

● 1차 발효할 때 설탕 대신 꿀을 사용하여 발효할 수도 있다. 다만 주의해야 할 점이 있는데 생꿀을 잘못 사용하면 기존 콤부차의 박테리아와 충돌을 일으켜 곰팡이가 날 수 있다. 그렇기 때문에 꿀로 발효하고 싶은 경우 살균 처리된 꿀을 사용하거나 준 콤부차 스코비와 원액을 분양받아서 사용하는 방법이 있다. 좋아하는 꽃의 꿀을 쓰면 더 맛있게 즐길 수 있다.

Ingredients

스코비 1장과 원액 300ml, 1L 유리병, 녹차 3g, 물 600ml, 티 스트레이너, 꿀 50g, 스푼, 집게, 저울, 덮개, 고무줄

Recipe

1 1L 유리병과 도구들을 깨끗하게 소독한다.
2 소독한 유리병에 스트레이너를 장착하고 녹차 3g을 넣어준다.
3 90도의 물 600ml를 부어준 후 5분 정도 차를 우려낸다.
4 스트레이너를 제거해준다.
5 식힌 찻물에 꿀 50g을 넣고 녹여 배양액을 만든다.
6 45도 이하까지 식힌 배양액에 스코비와 원액을 넣어준다.
7 덮개를 덮고 날짜와 레시피를 기록한 후 발효 공간에 둔다.

겉보기엔 준 콤부차와 일반 콤부차를 구별하기 어렵다. 하지만 맛을 보면 설탕보다 강한 당의 성향이 느껴질 것이다.

인삼 콤부차

● 쌍화차, 인삼차, 대추차 등 한약재도 대용차로 차의 일부로 분류된다. 이런 한약재로 만든 차를 이용해서 콤부차 발효를 할 수 있다. 인삼은 다양하게 활용이 가능한데 달여서 차로 만들어 발효할 수도 있고, 인삼과 꿀을 재워 청으로 만들어 발효할 수도 있다. 인삼 뿌리를 넣어 1차 발효하면 뿌리 주변으로 튼튼하게 생성되는 스코비를 발견할 수 있다. 건강한 재료들의 합이라 보기만 해도 건강해지는 기분이 든다.

Ingredients

준 콤부차 스코비 1장과 준 콤부차 원액 300ml, 1L 유리병,
인삼 한 뿌리(100~150g), 대추 (50~70g), 스푼, 집게, 저울, 덮개, 고무줄

Recipe

1 1L 유리병과 도구들을 깨끗하게 소독한다.
2 소독한 유리병에 인삼과 대추를 얇게 슬라이스해서 넣는다.
3 인삼과 대추의 무게와 동량의 꿀을 넣고 잘 섞어준다.
4 뚜껑을 닫고 실온에서 일주일 정도 숙성시킨다.
5 뜨거운 물 600ml를 넣고 잘 녹여 배양액을 만든다.
6 45도 이하까지 식힌 배양액에 스코비 한 장과 준 콤부차 원액을 넣어준다.
7 덮개를 덮고 날짜와 레시피를 기록한 후 발효 공간에 둔다.

인삼 콤부차에서 어떤 맛이 날지 상상이 잘 안될 것이다. 어떤 삼을 쓰느냐에 따라 맛이 조금씩 다르고, 발효가 완료되면 의외로 동치미 같은 향과 맛이 나기도 한다.

이지 콤부 식초

● 콤부 식초를 만드는 것은 단순하다. 의외로 이미 만들어 본 경험이 있을 수도 있다. 콤부차를 오래 발효하면 식초가 된다. 바빠서 제때 콤부차를 돌보지 못했다면 두꺼워진 베이비 스코비와 높은 산도의 콤부차 원액을 맛본 경험이 있을 것이다. 여기에 산도를 더 강화하고 싶다면 1~2주일에 한 번씩 당분을 추가하여 원하는 산도를 맞춰주면 된다.

Ingredients 1차 발효 콤부차 1L, 1L 유리병, 식초병, 깔때기, 커피 필터, 설탕 10g, 집게

Recipe

1 발효가 완료된 1차 발효 콤부차에서 스코비를 건져낸다.

2 커피 필터를 이용하여 침전물들을 걸러 원액만 남겨준다.

3 콤부차에 설탕을 10g 정도 넣어준다.

4 1~2주 후 생겨난 스코비를 건져낸다.

5 3번과 4번을 두세 번 반복한다.

6 더 이상 스코비가 생기지 않을 때까지 기다린다.

7 커피 필터를 이용하여 깨끗한 원액만 걸러 목이 좁은 병에 옮겨 보관한다.

처음엔 목이 좁은 병에 옮겨도 한동안 얇고 투명한 막이 생길 수 있다. 제거해준 후 뚜껑을 닫고 상온에 보관한다. 당이 완전히 소진된 콤부 식초는 탄산이 발생하지 않으니 안심해도 된다.

아이스 콤부차

● 진하게 발효된 콤부차 혹은 콤부 식초를 마시고 싶을 때 꽃을 얼린 얼음이나 과일을 얼린 얼음을 이용하여 쉽게 맛을 낼 수 있다. 그리고 매번 다양한 재료를 준비하는 것이 번거롭게 느껴질 때 미리 만들어 냉동실에 보관했다가 마실 때 활용할 수 있는 꿀팁이다.

Ingredients 얼리고 싶은 꽃이나 과일 또는 허브, 콤부차 원액, 얼음 틀

Recipe

1 좋아하는 꽃, 과일, 허브를 얼음 틀에 넣는다.

2 1차 발효가 완료된 콤부차를 부어주고 냉동실에 얼린다.

3 얼음이 녹으면서 자연스럽게 콤부차가 되는 순간을 즐긴다.

맛이 너무 신 콤부차에는 얼린 차를 넣는 방법이 있다. 좋아하는 꽃이나 허브, 과일 등을 얼음 틀에 넣고 콤부차 대신 가향 홍차나 허브차 등을 얼려보자. 얼음이 녹을수록 새콤한 콤부차가 완벽하게 밸런스를 맞춰갈 것이다.

Step 3

다채로운 콤부차 만들기

난이도

생로즈마리 콤부차

● 허브 콤부차는 복잡한 레시피 없이 콤부차의 매력은 그대로 유지하되 향긋함을 추가할 수 있다. 그중에서도 가장 구하기 쉽고 맛이 좋은 허브를 이용한 레시피를 소개한다.

Ingredients 500ml 스윙병, 콤부차 480ml, 로즈마리 한 줄기, 설탕 5g(생략 가능)

Recipe

1 소독한 500ml 스윙병을 준비한다.
2 집게를 이용해 깨끗하게 세척한 로즈마리 한 줄기를 넣어준다.
3 취향에 따라 설탕 5g을 넣는다.
4 1차 발효 콤부차 480ml를 따라주고 뚜껑을 닫아 밀봉한다.
5 상온에서 2~7일 발효 후 냉장 보관한다.

보관이 어려운 경우에는 건조시킨 로즈마리를 사용해도 괜찮다.

레몬 진저 콤부차
(강한 탄산)

● 시중 콤부차 브랜드의 맛을 살펴보면 레몬 진저 콤부차를 많이 찾아볼 수 있다. 진저가 탄산감을 더 많이 만들어주는 역할을 하기 때문이다. 레몬과 진저를 생으로 넣는 방법도 있지만 탄산감을 극대화하기 위해 레몬 진저청으로 2차 발효하는 방법을 알아보자.

Ingredients

500ml 스윙병, 콤부차 480ml, 레몬 5개, 햇생강 300g, 볼, 설탕, 커피 필터(생략 가능), 드립퍼 혹은 깔때기(생략 가능)

Recipe

레몬 진저청 만들기

1 생강 껍질을 벗긴 후 잘게 썰어 찬물에 담가 매운 기를 빼준다.
2 매운 기가 빠진 생강의 2/3를 착즙한다.
3 생강즙을 깨끗한 볼에 담아 전분이 가라앉도록 기다린다.
4 깨끗하게 닦은 레몬을 얇게 슬라이스해준다.
5 큰 볼에 슬라이스한 레몬과 1/3의 생강 슬라이스를 담는다.
6 볼에 담긴 레몬과 생강의 무게만큼 설탕을 담아준다.
7 3번에서 반나절 정도 시간이 지나 하얗게 가라앉은 전분이 다시 섞이지 않도록 조심스럽게 큰 볼에 생강즙을 따라준다.
8 볼 안의 레몬과 설탕, 생강즙이 잘 섞일 수 있도록 저어준다.
9 설탕이 잘 녹았다면 소독한 병에 넣어 하루 정도 상온 숙성한 후 냉장 보관한다.

레몬 진저 콤부차 만들기

1 깨끗이 소독한 스윙탑 유리병에 레몬 진저청 30g을 넣어준다.
2 백차나 녹차로 발효한 1차 발효 콤부차를 병에 넣는다.
3 뚜껑을 닫아 밀봉한 후 상온에서 2~7일 발효 후 냉장 보관한다.

남은 생강 정분은 건조하여 다양한 요리 또는 고기의 잡내를 잡는 데 활용할 수 있다.

레몬 진저 콤부차 (라이트 탄산)

● 당이 부담스러운 분들을 위한 레몬 진저 콤부차 레시피이다. 레시피에 필요한 레몬그라스는 레몬보다 더 레몬 같은 향을 낸다. 똠얌꿍에 들어가고, 향수의 재료로도 많이 쓰인다. 콤부차에 넣어주면 산뜻한 향이 배가 된다.

Ingredients

500ml 스윙병, 콤부차 480ml, 레몬그라스 2g, 건조 생강 조각 2g, 마리골드 꽃잎 0.5g, 레몬 슬라이스 한 조각, 설탕 5g

Recipe

1 물기가 없는 그릇에 종이를 깔아준다.

2 종이 위에 레몬그라스 2g, 건조 생강 조각2g, 마리골드 꽃잎 0.5g을 계량하여 올려준다.

3 재료들을 잘 섞어주고, 종이를 깔때기처럼 접어 스윙병에 재료를 넣어준다.

4 1차 발효 콤부차 480ml를 넣어준다.

5 상온에서 2~7일 발효 후 냉장 보관한다.

레몬그라스가 없다면 레몬즙을 넣어도 괜찮다.

로즈 스트로베리 콤부차

● 호불호가 크게 갈리지 않고 많은 분들이 좋아하셨던 레시피이다. 장미를 차로 우리면 수색이 분홍빛일 것 같지만 의외로 노란빛의 차가 우러나온다. 하지만 장미를 콤부차에 넣어 우리면 아름다운 형광 분홍색의 콤부차가 된다. 색소를 사용하지 않고도 아름다운 컬러를 낼 수 있는 좋은 방법이다.

Ingredients

500ml 스윙병, 콤부차 480ml, 로즈페탈 10g, 딸기 40g, 마리골드 꽃잎 0.5g, 설탕 5g(생략 가능)

Recipe

1 깨끗이 씻은 딸기를 얇게 슬라이스하여 건조해준다.

2 건조 딸기 슬라이스와 로즈페탈, 마리골드를 소독한 병에 넣고 블렌딩해준다.

3 블렌딩한 것을 4g 정도 500ml 스윙병에 담는다.

4 1차 발효한 홍차 콤부차 480ml를 병에 넣는다.

5 상온에서 2~7일 발효 후 냉장 보관한다.

생딸기를 써도 되지만 건조 딸기를 사용했을 때 탄산감이 더 많아진다. 탄산을 좋아한다면 딸기를 건조해서 써보자. 잔에 따를 때 잔의 림에 레몬즙을 살짝 묻힌 후 로즈 스트로베리 콤부차 차를 살짝 찍어주면 근사한 칵테일처럼 보인다.

카모마일 콤부차

● 카모마일은 약용으로 인기가 많은 국화과의 차이다. 숙면과 소화에 좋고, 혈당 수치 관리나 스트레스 치료에 좋다. 티백으로만 접했던 분들은 카모마일을 싫어할 수도 있지만 모양 그대로 잘 말린 카모마일에서는 싱그러운 사과 향이나 꿀 향 등을 맡을 수 있어 매력적이다. 카모마일만 넣어도 충분히 맛있는 콤부차가 되지만 기호에 따라 사과주스나 꿀을 첨가해도 좋다.

Ingredients

500ml 스윙병, 콤부차 480ml, 카모마일 2g, 사과 주스 10ml,
꿀 1티스푼(생략 가능)

Recipe

1 깨끗이 소독한 스윙병에 카모마일 2g을 넣어준다.

2 사과주스와 꿀을 취향껏 넣어준다. 단 사과주스는 전체 용량의 1/10을 넘지 않는다.

3 1차 발효한 홍차 콤부차 480ml를 넣어준다.

4 상온에서 2~7일 발효 후 냉장 보관한다.

사과주스와 꿀은 생략 가능하다. 만약 카모마일 향이 너무 진할까 봐 걱정된다면 카모마일을 우린 찻물을 대신 넣고 사과 조각을 넣는다.

블루멜로우 콤부차

● 차에서 흔치 않은 푸른빛을 내는 이 꽃은 우리는 물의 온도에 따라 다른 푸른빛을 낸다. 저온의 물에서 우릴수록 보랏빛을 품은 푸른색이 우러나고, 고온으로 갈수록 옅은 하늘색이 나온다. 우린 후 상온에 오래 두면 푸른빛이 옅어지니 사용 직전에 우려내는 것이 가장 효과적으로 색을 낼 수 있는 방법이다.

Ingredients 500ml 스윙병, 콤부 식초 380ml, 블루멜로우 1g, 꿀 1티스푼(생략 가능)

Recipe

1 블루멜로우 1g을 생수에 냉침한다.
2 잔에 짙은 농도의 콤부 식초를 넣는다.
3 얼음을 가득 넣어준다.
4 충분히 우러난 블루멜로우차를 부어준다.
5 콤부차를 만나며 핑크색으로 변화하는 수색을 즐긴다.

너무 많은 양의 블루멜로우차를 넣게 되면 콤부차가 심심해질 수 있으니 소량을 넣거나 짙은 맛의 콤부 식초를 활용하는 방법이 있다. 우려낸 차를 얼음 틀에 얼려 사용하면 푸른빛을 더 오래 즐길 수 있다. 버터플라이피도 유사한 효과를 내지만 아직 식약처에 등록되지 않은 재료이기에 한국에서는 식용으로 사용할 수 없다.

라벤더 콤부차

● 라벤더는 바디워시나 방향제 등으로 많이 사용되어 익숙할 것이다. 라벤더의 향은 스트레스 해소나 불면증에 좋다고 알려져 있다. 우려서 마시면 고소한 맛도 함께 느껴져 색다른 매력을 느낄 수 있다. 개인적으로는 차로 마실 때 맡을 수 있는 라벤더 향을 더 좋아한다. 콤부차로 만들었을 때 맛이 좋고 비주얼도 훌륭해 두 마리 토끼를 다 잡을 수 있다.

Ingredients 500ml 스윙병, 콤부차 480ml, 생라벤더 한 줄기 또는 건조 라벤더 5g

Recipe

1 식용으로 사용 가능한 생라벤더 한 줄기를 손질해준다.

2 소독한 스윙병에 라벤더 한 줄기를 넣는다.

3 스윙병에 콤부차 480ml를 넣어준다.

4 상온에서 2~7일 발효 후 냉장 보관한다.

여러 가지 종류 중 식용 가능한 잉글리쉬 라벤더를 추천한다. 너무 많이 넣으면 방향제나 포푸리 같은 인공적인 느낌이 나니 약간 적게 느껴질 정도로 넣어야 은은하게 즐길 수 있다.

포도 콤부차

● 과일은 콤부차에 넣기 정말 좋은 재료다. 잘 발효된 콤부차에 적절한 과일을 넣는 경우 엄청난 시너지가 날 수 있다. 과일의 경우 생과일, 건조한 것, 냉동시킨 것 모두 사용 가능한데 어떻게 자르는지, 즙으로 넣는지에 따라서도 맛이 미묘하게 바뀐다. 착즙한 포도로 만든 콤부차는 꼭 내추럴 와인 같은 느낌이 난다. 껍질을 함께 으깨어 넣으면 레드와인과 비슷한 콤부차가 되고, 청포도 혹은 적포도의 껍질을 제거한 후 과육만 넣으면 화이트와인 같은 콤부차가 된다.

Ingredients

500ml 스윙병, 콤부차 480ml, 적포도 혹은 청포도

Recipe

1 깨끗하게 씻은 포도를 착즙해준다.

2 깨끗이 소독한 유리병에 포도즙을 넣는다.

3 적포도에는 1차 발효한 홍차 콤부차를 넣어주고, 청포도라면 백차 또는 다르질링 홍차를 넣어준다.

4 상온에서 2~7일 발효 후 냉장 보관한다.

포도의 당분이 높으면 과한 탄산이 생길 수 있으니 당분을 추가하지 않는 것이 좋다. 착즙기가 없다면 머들러로 포도알을 으깬 후 채를 이용하여 포도즙을 걸러주면 된다.

파인애플 민트 콤부차

● 당도가 높은 파인애플은 콤부차의 높은 산도를 중화시키기도 한다. 한동안 파인애플 식초 만들기가 유행했었는데 파인애플 민트 콤부차는 비슷한 맛과 효능을 가지고 있다.

Ingredients 500ml 스윙병, 콤부차 480ml, 파인애플, 애플민트 약간, 머들러

Recipe

1 파인애플을 작게 깍둑썰기한다.

2 깨끗이 소독한 유리병에 파인애플을 넣어준다.

3 홍차 1차 발효 콤부차 480ml를 부어준다.

4 상온에서 2~7일 발효 후 냉장 보관한다.

5 마시기 전 머들러로 살짝 으깬 애플민트를 가니쉬로 장식해준다.

1차 발효한 콤부차가 단맛이 거의 없다면 파인애플처럼 당도가 높은 과일을 넣어 발효하면 좋다. 설탕을 추가하지 않고도 달고 탄산이 가득한 콤부차를 만들 수 있다.

블루베리 콤부차

● 블루베리는 사계절 내내 쉽게 구할 수 있는 재료이다. 생과일을 사용해도 좋고 냉동 블루베리를 사용해도 좋다. 의외로 냉동 블루베리가 당분이 응축되어 발효가 더 잘 되기도 한다. 손질이 굉장히 쉽고 만들기도 간편해서 처음 콤부차를 만드는 초보자분들이 가장 선호하는 재료이기도 하다.

Ingredients

500ml 스윙병, 콤부차 480ml, 블루베리 10~20g, 허브 약간(생략 가능), 머들러

Recipe

1 보울에 깨끗하게 손질한 블루베리와 허브를 넣는다.

2 머들러로 살짝 눌러준다.

3 2차 발효 병에 재료를 넣고 1차 발효 콤부차를 넣어준다.

4 상온에서 2~7일 발효 후 냉장 보관한다.

블루베리를 그냥 넣어도 좋지만 머들러로 살짝 으깨서 넣어주면 발효가 더 잘 되고 와인처럼 고운 적색의 콤부차가 만들어진다.

무화과 콤부차

● 무화과는 향과 맛이 매력적이라 인기가 많은 과일이다. 꼭지가 신선하고 붉은기가 도는 생무화과를 콤부차로 만들면 뽀얀 분홍색의 콤부차를 만들 수 있다. 생무화과를 이용하면 은은한 무화과의 맛과 색을 즐길 수 있다. 무화과는 쉽게 무르는 과일이므로 남은 무화과는 잼으로 만들어 보관하면 좋다. 물론 무화과잼으로도 콤부차를 만들 수 있다.

Ingredients 500ml 스윙병, 콤부차 480ml, 무화과 2개

Recipe

1 생무화과를 깨끗하게 손질해준다.

2 꼭지에서부터 밑동까지 세로로 1/4등분으로 무화과를 자른다.

3 500ml 스윙병에 무화과 1/4을 넣어준다.

4 청향계 우롱으로 발효한 콤부차를 넣어 상온 발효한다.

5 상온에서 2~7일 발효 후 냉장 보관한다.

무화과는 키친타월로 겉면을 깨끗이 털어내주고, 흐르는 물에 꼭지가 오도록 하여 밑동에 물이 들어가지 않게 가볍게 씻어준다. 그래야 단맛을 유지한 채로 오래 보관할 수 있다.

키위 콤부차

● 키위는 그린키위와 골드키위 모두 사용할 수 있다. 골드키위의 당도가 높지만 그린키위의 오묘한 색상이 매력적이다. 만약 초록빛을 살리고 싶다면 옅은 수색의 백차나 녹차로 1차 발효한 콤부차를 쓰면 된다. 그리고 설탕은 유기농 백설탕이나 고이아사 설탕을 쓰면 밝은 색을 낼 수 있다.

Ingredients

500ml 스윙병, 녹차 또는 백차 콤부차 480ml, 유리병, 키위 5~6개, 설탕 500g

Recipe

키위청 만들기

1 깨끗하게 씻은 키위를 작게 깍둑썰기 한다.

2 키위의 무게와 동량의 설탕을 넣어준다.

3 상온에서 설탕이 녹기를 기다린다.

4 설탕이 다 녹으면 소독한 병에 담아 냉장 보관한다.

키위 콤부차 만들기

1 깨끗이 소독한 유리병에 완성된 키위청을 넣어준다.

2 스윙병에 키위청을 50g 정도 넣는다.

3 백차 혹은 녹차로 발효한 콤부차 480ml를 부어준다.

4 상온에서 2~7일 발효 후 냉장 보관한다.

백차나 녹차에 백설탕으로 발효한 콤부차를 쓰면 더 맑은 색상을 낼 수 있다. 더 짙은 컬러를 원한다면 스피룰리나 가루를 넣어 초록색을 진하게 만들 수 있다.

토마토 바질 콤부차

● 토마토 바질 콤부차는 특히 여름에 마시기 정말 좋은 음료다. 토마토는 7~9월이 제철이고, 녹차는 열을 내려주는 효과가 있다.

Ingredients

500ml 스윙병, 콤부차 480ml, 방울토마토 500g, 바질 20g, 설탕 300g, 꿀 200g

Recipe

토마토 바질청 만들기

1 방울토마토와 바질을 깨끗이 씻는다.

2 방울토마토에 칼집을 낸 후 끓는 물에 살짝 데치고 껍질을 벗겨준다.

3 설탕 300g과 꿀 200g을 넣어준다.

4 잘게 다진 바질을 함께 넣고 설탕을 녹을 때까지 둔다.

5 설탕이 다 녹으면 소독한 병에 담아 냉장 보관한다.

토마토 바질 콤부차 만들기

1 깨끗이 소독한 유리병에 토마토 바질청의 액만 30g 넣어준다.

2 녹차 콤부차 480ml를 부어준다.

3 상온에서 2~7일 발효 후 냉장 보관한다.

4 마시기 전 바질청의 토마토를 꺼내어 장식해준다.

토마토 바질 콤부차 에이드

과일

● 토마토 바질청으로 2차 발효하지 않고 간단하게 에이드로 즐길 수 있는 방식도 있다. 과발효된 콤부 식초를 맛있게 사용할 수 있는 효과적인 방법이기도 하다.

Ingredients　토마토 바질청 30g, 콤부 식초, 탄산수 100ml, 방울토마토, 바질, 레몬

Recipe

1 토마토 바질청 30g을 잔에 담는다.

2 얼음을 잔에 가득 채워준다,

3 탄산수 100ml를 붓는다.

4 콤부 식초를 부어준다.

5 방울토마토와 바질, 레몬으로 장식해준다.

산도가 너무 올라간 콤부차는 식초로 만든 뒤 에이드로 마시면 좋다. 과발효된 콤부차를 아까워 억지로 마시게 되면 강한 산도에 속이 쓰릴 수 있으니 꼭 희석해서 마시도록 한다.

복숭아 콤부차

과일

● 홍차로 잘 발효된 콤부차에서는 간혹 복숭아 향이 나기도 한다. 그런 콤부차를 활용하여 복숭아 콤부차를 만들면 복숭아 향과 맛이 모두 풍부한 콤부차가 된다. 그냥 썰어서 넣어줘도 맛있지만, 복숭아 향을 더 진하게 만들 수 있는 레시피를 소개하고자 한다. 당도가 높은 복숭아를 사용할수록 탄산이 풍부한 콤부차를 만들 수 있다.

Ingredients

500ml 스윙병, 홍차 콤부차 480ml, 유리병, 복숭아 1~2개,
설탕 또는 꿀 조금

Recipe

복숭아 넥타 만들기

1 복숭아를 깨끗이 씻어 십자로 칼집을 낸다.

2 끓는 물에 끓인 뒤 꺼내어 얼음물에 넣는다.

3 차게 식은 복숭아의 껍질을 까주고, 반을 잘라 씨도 제거해준다.

4 착즙기에 착즙한다.

5 복숭아 즙을 고운 채에 걸러 냄비에 넣어준다.

6 설탕 또는 꿀을 소량 넣고 약불에 끓인다.

7 계속 저어주다가 살짝 끓어오르기 시작하면 불을 끈다.

복숭아 콤부차 만들기

1 깨끗이 소독한 유리병에 복숭아 넥타를 넣고 냉장 보관한다.

2 스윙병에 복숭아 넥타를 1/10 정도 넣는다.

3 홍차 콤부차를 넣고 상온에서 2~7일 발효 후 냉장 보관한다.

복숭아, 자두, 살구, 체리 같은 핵과류 과일은 홍차 콤부차와 잘 어울린다. 살짝 붉은 복숭아 색상을 내고 싶다면 껍질을 함께 착즙하거나, 껍질을 물에 살짝 끓여 색을 내준다. 복숭아 넥타는 당분이 많이 없어 유통기한이 짧다. 일주일 이내 먹는 것이 가장 좋은데, 얼음 틀에 얼려 플레인 콤부차에 넣어 마시면 좀 더 오래 먹을 수 있다.

당근 콤부차

채소

● 발효하면서 나는 은은한 당근 특유의 향은 당근을 싫어하는 사람도 빠지게 만드는 매력이 있다. 평소에 당근을 싫어했더라도 은은한 당근과 레몬 향이 감도는 당근 콤부차는 즐길 수 있을 것이다. 허브나 레몬을 함께 넣어주면 단독으로 마시는 것보다 향이 더 좋아지기 때문에 함께 넣는 것을 추천한다.

Ingredients 500ml 스윙병, 콤부차 480ml, 당근 1개, 허브, 레몬

Recipe

1 필러를 이용하여 당근을 얇게 썰어준다.

2 잘게 채 썬 당근을 집게로 깨끗이 소독한 유리병에 넣어준다.

3 콤부차를 480ml 정도 부어준다.

4 레몬 슬라이스 혹은 레몬즙과 허브 등을 넣어준다.

5 상온에서 2~7일 발효 후 냉장 보관한다.

당근은 콤부차 안에 오래 두어도 모양이나 색이 잘 변하지 않아 꺼내서 가니쉬로 사용할 수 있다. 착즙하거나 잘게 채 썰어 넣으면 향이 더 잘 우러나고, 필러로 얇고 넓게 썰어 돌돌 말아 병에 넣어주면 은은하게 향이 난다.

Step 4

다양한 콤부차 베리에이션

난이도

샹그리아 콤부차

● 콤부차를 만들다 보면 간혹 의도와 다르게 다른 향미 없이 신맛만 너무 강한 콤부차를 만날 때가 있다. 그럴 땐 집의 다양한 과일들을 함께 넣어 샹그리아 콤부차로 만들 수 있다. 히비스커스와 포도를 넣어 레드와인으로 만든 무알코올 샹그리아 같은 콤부차를 만드는 레시피이다.

Ingredients

1L 유리병, 홍차 또는 흑차로 만든 콤부차 400ml, 히비스커스 4g, 물 300ml, 오렌지, 포도, 사과, 배, 블루베리, 애플민트 등 과일들 약간

Recipe

1 히비스커스 4g에 생수 300ml를 붓고 냉장고에 반나절 숙성한다.

2 오렌지, 사과, 포도 등의 과일을 깨끗이 손질하고 썰어준다.

3 소독한 1차 발효 유리병에 산미가 강한 콤부차를 400ml정도 부어준다.

4 냉침한 히비스커스차를 부으면서 중간중간 산도가 원하는 만큼 희석되는지 스포이트로 맛을 확인한다.

5 적당한 산도가 되면 손질한 과일들을 넣어준다.

6 발효병의 뚜껑을 밀봉한 후 하루 정도 상온에 보관한다.

7 냉장고에서 일주일 숙성 후 와인 잔에 따라 즐긴다.

산미가 강한 콤부차를 활용할 때는 귤, 키위, 레몬처럼 산도가 높은 과일보다는 당도가 높은 오렌지나 포도, 사과 배 같은 과일들을 넣으면 맛의 밸런스를 맞출 수 있다. 특히 오렌지와 포도를 많이 넣으면 완성도를 더 높일 수 있다.

선셋 콤부차

● 선셋 콤부차는 노란 패션푸르트 망고청에 붉은 히비스커스 콤부차를 부어 마치 해가 지는 노을의 모습을 담아낸 음료이다. 히비스커스 콤부차의 산도가 높다면 탄산수를 많이 넣고, 산도가 적당하다면 탄산수를 생략해도 괜찮다.

Ingredients

500ml 스윙병, 패션프루트 1kg, 망고 1개, 설탕 700g,
히비스커스 콤부차 480ml, 얼음, 탄산수

Recipe

패션프루트 망고청 만들기

1 패션프루트를 절반으로 잘라낸 후 안쪽의 과육만 모은다.

2 패션프루트와 동량의 설탕을 넣어준다.

3 망고 한 개의 과육을 잘게 잘라 넣어준다.

4 설탕이 잘 녹을 때까지 상온에 둔다.

5 깨끗이 소독한 유리병에 패션프루트 망고청을 넣는다.

선셋 콤부차 만들기

1 유리잔에 패션프루트 망고청을 넣어준다.

2 얼음을 가득 채우고 탄산수를 따른다.

3 히비스커스 콤부차를 부어준다.

골드 콤부차

● 골드 콤부차는 강황과 파인애플을 합한 콤부차이다. 인도의 사프란이라 불리는 강황은 카레로 익숙한 향신료이다. 황색을 띠며 보통 기름진 음식에 향신료로 많이 사용한다. 담즙 분비를 촉진하고 위장 질환이나 간 질환에 효능이 있다. 강황만 먹으면 맛의 호불호가 많이 갈리기 때문에 파인애플을 함께 넣어 상큼함과 단맛을 보완해주는 것이 좋다. 조각을 넣어도 무방하나 강황과 파인애플을 믹서에 갈아서 넣으면 더 탄산감이 많은 금빛 색상의 콤부차를 만들 수 있다.

Ingredients

500ml 스윙병, 콤부차 450ml, 강황 3g, 파인애플 30g

Recipe

1 파인애플을 깍둑썰어 믹서에 넣어준다.

2 강황이나 강황 가루를 함께 넣고 갈아준다.

3 깨끗이 소독한 유리병에 넣어준다.

4 콤부차 450ml를 부어준다.

5 상온에서 2~7일 발효한 후 냉장 보관한다.

강황의 일일 권장 섭취량은 5~10g을 넘지 않도록 한다.

스파이시 콤부차

● 어떤 맛일지 잘 상상이 가지 않을 것이다. 혹시 고추의 맛이 강하지 않을까 걱정할 수도 있다. 하지만 직접 만들어보면 상큼한 레몬 향으로 시작되어 알싸하게 마무리되는데 혀에 은은하게 남는 감각이 중독성이 있어 매력적인 콤부차이다.

Ingredients 백차 콤부차 480ml, 풋고추 1개, 레몬즙 1티스푼

Recipe

1 1차 발효한 백차 콤부차에 풋고추를 슬라이스해서 넣어주고 레몬즙을 넣어준다.

2 상온에서 2~7일 발효한 후 잔에 따라준다.

3 슬라이스한 풋고추를 잔에 얹는다.

잘못 발효된 것은 아니지만 간혹 콤부차 발효 과정에서 원하지 않는 향이 발생하는 경우가 있다. 이럴 때 적당한 스파이시함이 이를 묻어주는 효과가 있다.

creamy kombucha
since 1937
FROM THE HOUSE OF SUNTORY
FINE QUALITY
Suntory
Whisky

콤부 하이볼

● 콤부차 발효에서 미량의 알코올이 발생하지만 1도를 넘기지 않는다. 아쉬울 때는 콤부차를 술에 타서 마실 수 있다. 위스키를 편하게 즐기고 싶을 때, 콤부차로 기분 좋은 취기를 느끼고 싶을 때 콤부 하이볼을 만들어 즐길 수 있다.

Ingredients 콤부차 200ml, 위스키 50ml, 얼음, 레몬 슬라이스 약간

Recipe

1 얼음을 잔에 가득 채워준다.

2 위스키 50ml를 넣어준다.

3 2차 발효한 콤부차 200ml를 넣어준다.

4 기호에 따라 레몬이나 라임 슬라이스를 얹어준다.

탄산수와 시럽 등을 대신해 콤부차를 넣는 것으로 생각하면 된다. 강한 탄산을 원하지 않는 경우에는 1차 발효한 콤부차를 넣어도 좋다.

Step 5

스코비를 활용하기

난이도

코코넛 망고 스무디

● 스무디를 만들 때 스코비를 넣으면 영양분이 풍부하고 부드러운 질감의 스무디를 만들 수 있다. 코코넛밀크로 산미와 당도를 조절할 수 있다. 스코비는 본인 몸집의 200배에 가까운 수분을 흡수할 수 있기 때문에 스코비 자체도 콤부차와 같은 맛이 난다. 스코비 호텔에 오래 보관되어있던 스코비라면 생수에 담갔다가 사용해야 맛의 밸런스를 맞추기가 쉽다.

Ingredients

스코비 1장(100g), 망고 50g, 코코넛밀크 50ml, 아가베시럽 1~2티스푼, 아이스 콤부차, 허브 약간

Recipe

1 장갑을 낀 손으로 스코비의 지저분한 부분을 걷어낸다.
2 깨끗해진 스코비는 생수에 1시간 정도 보관하여 신맛을 빼준다.
3 망고를 깍둑썰어 믹서에 넣어준다.
4 아가베시럽, 스코비, 아이스 콤부차를 믹서에 넣고 갈아준다.
5 유리잔에 갈아낸 스무디를 넣어준 후 마지막에 코코넛밀크를 부어준다.
6 자른 망고 조각 하나와 허브를 가니쉬로 얹는다.

그린 스코비 스무디

● 아보카도는 숲속의 버터라고 불린다. 그린 스코비 스무디는 아보카도의 고소한 맛과 바나나의 단맛이 스코비의 산미를 중화시켜 맛있게 즐길 수 있다. 아보카도만 넣으면 호불호가 강한 맛이 된다. 바나나를 함께 넣어주자.

Ingredients 스코비 1장(100g), 아보카도 반쪽(100g), 우유 100ml, 바나나 1개

Recipe

1 스코비를 손질한 후 생수에 30분 정도 담근다.

2 아보카도 반쪽과 우유 100ml를 넣고 믹서에 갈아준다.

3 바나나를 잘라 믹서에 넣고, 생수에 넣어 두었던 스코비를 함께 넣어 믹서에 갈아준다.

4 2번을 잔에 깔아준 후 3번을 위에 조심스럽게 부어준다.

4 그래놀라와 과일 등을 얹어 스푼으로 떠먹는다.

그래놀라나 과일을 얹어 든든한 한 끼 식사로 즐길 수 있다. 번거로운 아침에는 아보카도와 바나나를 따로 믹서에 갈 필요 없이 한 번에 갈아도 괜찮다. 배변 활동에 굉장히 도움이 되는 아보카도, 바나나, 스코비가 모두 들어 있어 과잉 섭취 시 복통을 유발할 수도 있으니 유의한다.

스코비펄

● 스코비가 어느 순간 감당하기 어려울 정도로 자라 처치 곤란할 때가 있다. 이런 경우 스스코비 호텔을 만들어 보관하는 것도 한계가 있기 때문에 많은 분들이 처치 곤란한 스코비를 버리곤 한다. 이럴 때는 스코비펄을 만들어 남는 스코비를 활용할 수 있다. 스코비를 제일 쉽고 맛있게 사용할 수 있는 방법이다.

Ingredients 스코비 1장(100g), 콤부차 또는 주스

Recipe

1 장갑을 낀 손으로 스코비의 지저분한 부분을 걷어낸다.
2 깨끗해진 스코비는 생수에 1시간 정도 보관하여 신맛을 빼준다.
3 시간이 지나면 꺼내어 0.5cm 두께로 잘게 잘라준다.
4 컵에 한 스푼 넣어준 후 얼음과 콤부차를 따른다.
5 큰 빨대를 이용하여 마신다.

마치 타피오카펄처럼 음료에 씹는 재미를 더해준다. 음료에 넣고 남은 스코비펄은 콤부차 원액에 담가 그대로 냉장 보관해준다.

건조 스코비포

● 스코비를 활용하는 또다른 방법으로는 육포나 오징어처럼 포로 만드는 방법이 있다. 스코비는 평소에는 굉장히 부드럽고 쫀득한 질감을 가지고 있지만 건조하면 단단하고 질겨진다. 생수에 넣어서 신맛을 살짝 제거하고 건조하면 좋은 애견 간식으로도 활용할 수 있다.

Ingredients 스코비 여러 장

Recipe

1 스코비를 정돈한다.

2 건조기에 40도 온도로 24시간 건조해준다.

3 먹기 좋은 크기로 잘라준다.

4 소독한 병에 제습제와 함께 넣어준다.

건조한 스코비는 다시 발효에 사용할 수 없으니 발효용이 아닌 먹는 용도로만 활용한다.

스코비 팝시클

● 스코비 팝시클은 더운 여름에 콤부차를 더욱 시원하게 즐길 수 있는 방법이며 어린 아이도 즐길 수 있다.

Ingredients 스코비 1장, 콤부차, 과일, 허브, 팝시클 틀

Recipe

1 스코비의 지저분한 부분을 손질하여 생수에 담가둔다.
2 깨끗이 닦은 팝시클 틀에 꽃이나 과일 등을 넣어준다.
3 1차 발효 콤부차를 틀의 절반만 붓고 그대로 냉동실에 얼린다.
4 스코비를 과일과 함께 믹서에 갈아준다.
5 냉동실에 넣어둔 콤부차가 얼면 팝시클 틀에 막대를 꽂아준다.
6 남은 틀의 절반에 4번을 올려준다.
7 냉동실에 다시 얼린다.

스코비를 넣지 않고 콤부차만 얼려서 만들 수도 있다. 다만 과일이나 허브가 한쪽으로 몰릴 수 있으니 두 번에 나누어 얼리는 것이 좋다.

딸기 스코비 셔벗

● 스코비는 불용성 식이섬유 덩어리이므로 변비에 특효약이다. 그대로 먹을 수도 있지만 스코비의 식감을 활용해 더 맛있는 디저트를 만들 수도 있다.

Ingredients 스코비 1장, 딸기 3~5알, 올리고당 또는 꿀 1티스푼

Recipe

1 스코비를 깨끗하게 다듬어준다.

2 생수에 1시간 정도 손질한 스코비를 담가둔다.

3 믹서기에 스코비를 가위로 작게 잘라 넣어준다.

4 딸기를 넣고 올리고당 또는 꿀을 넣어준다.

5 믹서로 스코비가 덩어리지지 않게 갈아준다.

6 넓고 납작한 용기에 담아 냉동실에 얼린다.

7 아이스크림 스쿱을 이용해 원하는 그릇에 담아 먹는다.

원하는 모양의 얼음 틀이나 그릇에 담아 얼리고 바로 꺼내 먹어도 좋다.

콤부 그릭 요거트

● 콤부차가 가진 특징에 따라 요거트의 맛과 색이 달라진다. 꽃향기가 풍부한 요거트, 버터처럼 색이 진한 요거트도 만들 수 있다. 콤부차로 만든 요거트는 아주 새콤할 것 같지만 막상 발효가 완료되면 일반 요거트처럼 고소한 맛이 강해진다.

Ingredients 1.5L 유리병, 우유 1L, 콤부차 100ml, 스코비 1장

Recipe

1 1.5L 이상의 유리병에 우유와 콤부차를 담는다.
2 스코비는 가장자리를 정리하고 가볍게 씻어내 유리병에 넣는다.
3 이대로 43도에서 12시간 발효한다.
4 순두부 같은 질감이 되면 스코비를 건지고 면보에 담아 손으로 짜면서 유청을 빼낸다.
5 면보의 입구를 고무줄로 묶은 다음 체에 담고 아래에 볼을 받친다. 무거운 냄비나 그릇을 면보 위에 올린 상태로 냉장실에 넣어 4시간 동안 유청을 분리한다.
6 질감이 단단해진 요거트 위에 그래놀라, 과일 등을 올려 먹는다.

타피오카펄처럼 쫀득한 식감의 스코비를 잘라서 토핑으로 올려먹을 수도 있다.

Chapter 4

실패 없이 완성하는
콤부차의 모든 것

콤부차 발효의 심화 과정

• 콤부차의 두 가지 발효법

콤부차 발효법에는 크게 두 가지가 있다. 바로 회분 발효법과 연속 발효법이다. 이름이 어렵지만 회분 발효법은 앞에서 우리가 배운 발효법이다. 이름 그대로 1회에 한 병씩 만드는 방법이며 가장 많이 사용되는 방법이다. 스코비의 개수를 늘려 콤부차 양도 늘릴 수 있고, 주변인에게 분양하기에도 좋은 방법이다. 무엇보다 초보자가 발효의 사이클을 이해하기 가장 좋은 방식이다. 단점은 상대적으로 병의 개수가 많이 필요하며 병 세척이나 소독을 여러 번 해야 해서 손이 많이 간다.

연속 발효법을 하기 위해서는 수도꼭지가 달린 발효조가 필요하다. 수도꼭지를 돌려 따라 마신 만큼 배양액을 추가해 하루 이틀 발효하고 다시 따라 마시는 방식으로 반복한다. 장점으로는 매번 병을 세척할 필요가 없으며 맛을 균일하게 유지하기 쉽고 양 조절이 용이하다는 점이다. 치명적인 단점은 잘못된 소재의 수도꼭지를 사용하면 중금속에 노출될 수 있고, 수도꼭지 세척이 어려워 보이지 않는 곰팡이에 노출될 수 있다는 것이다. 그러므로 초보자들은 회분 배양법에 익숙해진 후에 연속 발효법을 하기를 추천한다.

● 연속 발효법으로 1차 발효하기

연속 발효법은 큰 용량의 발효조를 사용하는 것이 맛을 유지하기에 좋기에 5~10L 사이의 병을 사용한다.

1 7L 발효병 기준으로 4L의 물에 녹차 10g을 5분 동안 우려낸다.

2 설탕 400g을 넣고 녹여 배양액을 만든다.

3 45도 이하까지 식힌 배양액에 스코비 4장과 원액 1.5L를 넣어준다.

4 10~14일 동안 발효하면 베이비 스코비가 새로운 병에 맞게 큰 사이즈로 생겨나는 것을 볼 수 있다.

5 조금 따라내서 맛을 본 후 적당히 발효된 것 같으면 콤부차를 따라 마시고, 마신 만큼 식힌 배양액을 넣어준다.

---

tip 마개는 항상 고여 있는 콤부차가 없도록 항상 깨끗하게 닦아주고 1~2개월에 한 번씩은 병을 전체 소독해준다.

• 스코비 더 알아보기

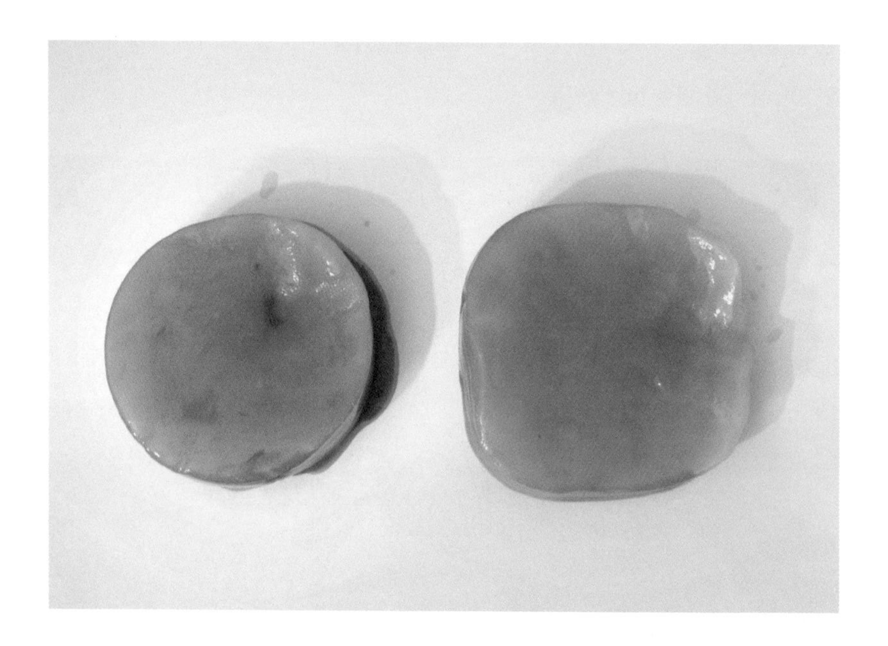

모양

하얀 젤리 혹은 인절미 같은 질감을 가지고 있는 스코비는 다양한 모양으로 만들 수 있다. Scoby라고 검색하면 가지각색의 다양한 스코비를 찾아볼 수 있다. 가운데에 큰 구멍이 있거나, 짙은 갈색을 띠거나, 풍선처럼 부풀어 있거나, 울퉁불퉁한 형상을 지닌 스코비도 있다.

하지만 이런 모양이라고 해서 발효가 잘못된 것은 아니다. 스코비는 액체의 표면에 생기는데 발효하는 발효조의 모양이 원형이면 동그란 스코비가 되고, 사각형이면 네모 모양의 스코비가 생긴다. 그런데 만약 발효 과정에서 생긴 기포가 표면에 맺혀 있으면 박테리아와 효모들이 모여 스코비를 형성하기 어렵게 된다. 이런 경우 스코비가 움푹 파여 울퉁불퉁한 모양이 되거나 구멍이 날 수 있다. 스코비의 생김새가 예쁘지 않다고 맛이 없는 콤부차가 되는 것은 아니니 걱정하지 않아도 된다. 공장에서 찍어내는 제품이 아닌 생명체이기 때문에 이는 지극히 자연스러운 현상이다.

다만 차나 재료, 발효 환경에 따라 스코비의 모양을 어느 정도 조절할 수 있다. 녹차로 발효하면 하얗고 매끈한 스코비가 생기고, 홍차로 발효하는 경우는 녹차보다 짙은 색상의 스코비가 생긴다. 커피를 이용하면 커피색의 스코비, 히비스커스를 사용하면 분홍색의 스코비가 된다. 온도가 높거나, 효모가 너무 많은 경우에는 기포 때문에 모양이 울퉁불퉁한 스코비가 생기기도 한다.

스코비의 외형은 크게 신경 쓰지 않아도 되지만 곰팡이가 피어나거나, 얇은 층에서 더 자라지 못하고 쪼개지면서 형성이 되지 않을 때는 조치가 필요하다. 균이 거의 없는 콤부차 원액을 사용하였거나 발효 과정에서 유익균들이 약해졌을 때 나타나는 현상이기 때문이다.

간혹 얇은 필름처럼 만들어지거나, 쭈글쭈글한 모양의 필름이 형성되거나, 기포가 필름에 갇힌 것처럼 자라날 때가 있는데 특정 효모나 박테리아가 자라기 시작한 경우다. 이런 효모는 과일이나 채소를 사용해서 콤부차를 발효하는 경우 간혹 발견된다. 여러 가지 의견들이 있지만 사실 몸에 나쁘지 않은 성분이어서 먹어도 유해하지는 않다. 하지만 콤부차의 맛을 해치기 때문에 다른 병에 옮겨 식초로 만들거나 폐기하고 병을 깨끗하게 소독하는 것이 좋다.

위치

나는 처음 발효할 때 마더 스코비를 가라앉히는 것을 선호하는 편이다. 표면에 생기는 베이비 스코비와 마더 스코비를 쉽게 분리할 수 있기 때문이다. 간혹 스코비가 떠오르거나 가라앉아야 발효가 완료된 것이라는 글들을 인터넷에서 발견할 수 있지만 이것은 낭설이다. 마더 스코비의 위치는 발생하는 탄산에 의하여 밀려 올라가기도 하고, 액체와 스코비의 비중 차이로 움직이기도 한다. 이는 맛에 영향을 미치지 않으며 모두 정상적인 상황이다.

마더 스코비가 아예 표면을 뚫고 올라가면 나중에 베이비 스코비와 분리할 때 구멍이 나지만 모양이 조금 못생겨질 뿐 발효에 지장은 없다. 누름돌을 사용하는 방법도 있는데 소재나 상황에 따라 콤부차가 오염될 확률이 높아지기 때문에 권장하지 않는다. 또한 마더 스코비를 매일매일 눌러주면 스코비가 형성될 틈이 없이 계속 가라앉아 베이비 스코비가 생기지 않을 수도 있다. 그러므로 한번 발효를 시작한 콤부차는 별다른 이유가 없다면 다음 발효까지는 크게 흔들거나 가라앉히지 않는 것이 좋다.

마더 혹은 베이비 스코비가 여러 겹으로 뭉쳐서 두껍게 있는 경우에는 산소 전달이 제대로 되지 않아 탄산과 알코올이 생긴다. 발효에 문제가 생긴 것은 아니지만 이는 맛에 영향을 줄 수 있다. 간혹 발효하면서 기포가 많이 생겨 들려 올라가는 스코비들이 생기기도 하는데 이런 경우에는 살짝 병을 기울여서 기포를 빼내면 된다. 만약 스코비가 밀려나 액체에서 아예 분리된 경우라면 탄산 발효가 되어 스코비가 병 밖으로 튀어 나갈 수 있으니 깨끗하게 소독한 스푼으로 살짝 눌러 제자리로 돌려준다.

사실 곰팡이가 난 것이 아니라면 다른 것들은 발효에 크게 영향을 미치지 않는다. 우리의 생김새가 모두 다르듯 스코비와 콤부차도 다양하게 자랄 수 있다. 스코비가 예쁘지 않다고 혹은 다른 위치에 있다고 걱정하기보다는 스코비가 자라는 발효의 순간을 즐겨보자.

산미 조절법

처음부터 너무 신 콤부차를 접해서 콤부차에 거부감을 가지게 되는 경우가 많다. 새콤한 맛은 콤부차의 매력이지만 산미가 너무 강하면 마시기 쉽지 않다. 과하지 않은 깔끔한 산미를 만들기 위해 산도가 강해지는 원인과 조절법을 알아보자.

• 온도

온도가 높으면 산미가 강해질 수 있다. 더운 여름에는 발효가 빨리 진행되어 5~8일 정도면 충분히 스코비가 자라며 산미가 올라온다. 추운 겨울에는 8~14일 정도로 발효가 느려진다. 온도에 따라 맛도 달라지는데, 30도 가까이 온도가 올라가면 침샘을 자극할 만큼의 강한 산미가 올라온다. 발효조 주변의 온도를 항상 균일하게 유지하는 것이 맛있는 콤부차를 만드는 비법이다.

• 발효 기간

산미가 강해지는 가장 흔한 이유는 발효 시간이 너무 길기 때문이다. 발효 기간은 딱 정해져 있지 않다. 공간의 온도에 따라 발효 속도가 달라지기 때문에 여름과 겨울의 적정한 발효 기간도 다르다. 항상 같은 기간으로 콤부차 발효를 한다면 여름엔 너무 시고 겨울엔 너무 달 것이다. 그래서 날짜로 체크하기보다 스코비의 두께로 발효된 정도를 체크하는 것이 좋다. 제일 정확한 방법은 스포이트를 이용해 콤부차의 윗면을 살짝 찍어 맛을 보면서 발효가 완료된 시점을 찾는 것이다.

액종의 산도

마지막은 액종의 산도가 높은 경우다. 발효를 시작하기 전에 액종(콤부차 원액)이 이미 시큼하다면 발효를 시작하자마자 맛을 보아도 시큼할 것이다. 신맛을 잡는 제일 좋은 방법은 항상 꾸준하게 적당한 기간에 새 발효를 시작하는 것이지만 이는 굉장히 부지런해야 하는 일이다. 이미 시기를 놓친 경우라면 정상화가 될 때까지 한두 번 정도 발효를 더 진행하고 기간을 짧게 잡거나 레시피를 수정하여 발효해야 한다.

---

tip

- 기본 레시피에서 1차 발효할 때 300ml의 액종을 사용하였는데 산미가 너무 강하다면 액종의 양을 100~200ml 정도로 줄이고 찻물의 양을 늘려주면 된다.
- 산도가 너무 높은 콤부차를 원하는 맛으로 돌리기에 실패했다고 버릴 필요는 없다. 유익한 산 성분을 가득 가지고 있는 이 콤부차는 물이나 주스에 희석하면 영양분은 풍부한데 속은 쓰리지 않게 마실 수 있다. 또는 식초로 만들어 요리에 활용하는 방법도 있다.

탄산감 조절법

콤부차의 매력 중 빠질 수 없는 부분이 바로 탄산이다. 발효 과정 중 생성되는 이 천연 탄산 때문에 콤부차가 샴페인에 비유되기도 하고 탄산음료를 대체할 수 있는 음료로 언급되기도 한다. 산소가 통하는 1차 발효 때는 탄산이 거의 없지만 산소를 차단하여 발효하는 2차 발효부터는 탄산이 굉장히 많이 발생하는데 심한 경우는 유리병이 터지기도 한다.

클래스를 진행하다 보면 생각처럼 탄산이 잘 생기지 않는다는 분들이 많다. 탄산이 생기는 핵심은 효모다. 효모가 산소가 없는 환경에서 당분을 분해하여 이산화탄소(탄산)와 알코올을 만들어내기 때문이다. 그러므로 우리는 효모, 산소, 당분 세 가지로 탄산감을 조절할 수 있다.

● 효모의 양

효모와 박테리아 중 탄산을 만드는 것은 효모이므로 이 효모의 양을 조절하여 탄산을 조절할 수 있다. 액종을 커피 필터 같은 것에 거르면 크기가 큰 효모가 많이 걸러진다. 효모가 많이 걸러진 액종을 넣은 콤부차는 상대적으로 깔끔한 맛과 적은 탄산감을 갖는다. 반대로 효모의 양을 늘리기 위해서는 스코비에 붙어 있거나 액체 중에 떠다니는 효모 가닥을 거르지 않고 넣거나, 1차 발효가 완료된 병의 바닥을 다음 발효로 넘어가기 전에 잘 저어주면 바닥에 휴식기의 상태로 가라앉아 있던 효모가 남지 않고 따라진다. 다만 너무 많은 효모는 콤부차를 탁하게 만들 수 있다.

• 당의 양

제일 쉽게 탄산을 늘리는 방법은 효모의 먹이가 되는 당분을 추가하는 것이다. 직접 설탕을 추가해도 되고 당도가 높은 과일을 넣어도 된다. 과일을 잘게 썰거나 갈아서 즙을 넣어주면 더 빨리 많이 탄산이 생기게 할 수 있다. 생과일보다는 냉동이나 말린 과일을 사용할 때 탄산이 더 많이 생긴다. 과일청을 넣어주는 방법도 있는데 과도하게 넣으면 탄산이 과해져 병이 파손될 수 있다.

• 산소 차단

효모는 산소가 차단된 혐기성 환경에서 탄산을 많이 만들어낸다. 산소가 완벽하게 차단되지 않았다면 효모와 박테리아는 산소 호흡을 하면서 증식하고 스코비를 생성해낸다. 넓은 입구의 병을 사용하면 산소와 닿는 면적이 넓어 탄산이 잘 생기지 않는다. 또 병 안에 액체가 많이 차 있지 않으면 병 안의 산소로 호흡을 하기 때문에 탄산이 생기지 않는다. 콤부차를 너무 끝까지 가득 채우면 병이 터져버릴 수도 있으니 유의한다.

• 시간

당분, 효모, 산소 차단이 완벽하게 갖춰지면 효모들은 당분을 분해할 수 있는 시간이 필요하다. 여름에는 짧게 이틀 정도만 2차 발효해도 충분하지만 겨울에는 일주일까지 걸리기도 한다. 2~3일 정도 2차 발효를 진행했는데 탄산이 적다 느껴지면 다음 발효에는 기간을 조금 늘려주면 된다.

● 온도 조절

온도가 높은 곳에서 2차 발효를 진행하면 탄산감이 빠르게 올라온다. 적정 온도 안에서 높은 온도로 키워주면 되는데 이 방법으로 탄산을 많이 만들면 쿰쿰한 맛이 강해질 수 있다. 주의할 점은 탄산감이 올라가면 알코올 도수도 같이 올라간다. 따라서 알코올에 약한 사람이라면 2차 발효 기간을 짧게 하여 마시는 것이 좋다.

나만의 테이스팅 노트 작성하기

어느 날 너무 맛있는 콤부차를 만나 그 맛을 상세히 기록하고 싶을 때는 어떻게 하면 좋을까? 테이스팅 노트를 작성하면 그때그때 마셨던 콤부차의 맛을 적어놓을 수 있다. 또 노트를 작성하며 향과 맛을 더 깊게 느낄 수 있다는 장점이 있다. 맛을 표현하는 방법이 다채로워지면 마셨던 음료를 누군가에게 소개할 때 "맛있었어"라는 말보다 "재스민 향이 느껴지고, 달콤한 맛이 나" 하고 설명할 수 있고, 듣는 사람이 좀 더 맛을 구체적으로 상상할 수 있다. 맛을 평가하는 방법에는 기계를 활용해 수치화하는 방법과 직접 맛을 보는 관능 평가 방법이 있다.

• **정성·정량평가**

콤부차의 맛을 크게 좌우하는 요소에는 산도와 당도가 있다. 먼저 산도를 표현할 때는 총산도 혹은 pH로 표현한다. 총산도란 전체 산의 양을 측정하는 것을 말하고, pH란 수소 이온 농도를 나타내는 지표이다. 가장 정확한 방법은 총산도를 측정하는 것이지만 가정에서 사용하기에는 위험한 시약과 복잡한 과정으로 상대적으로 측정이 편리한 pH로 산도를 측정하는 경우가 많다. 0에 가까울수록 산성, 14에 가까울수록 알칼리성이다. 총산도가 높을수록 pH 수치는 낮아진다. 우리의 위액은 2, 식초는 2.5~3.5 정도의 수준이고, 탄산음료는 식초와 유사하게 2.5~3.5, 우리가 마시는 물은 6~7 정도의 pH 값을 갖는다.

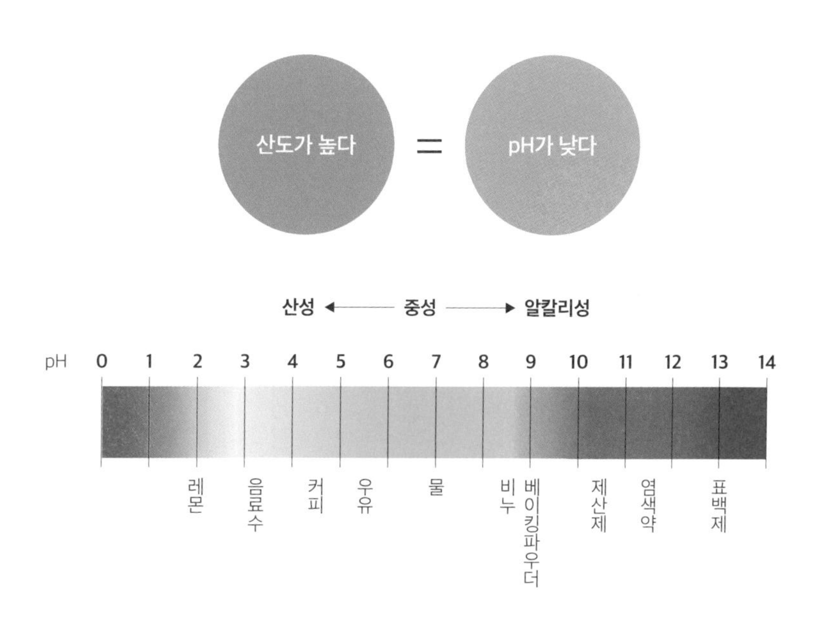

콤부차의 적정 산도는 2.5~4 사이로 이 범주 안에 들어와 있다면 발효가 잘 진행되고 있는 것이라 볼 수 있다. 산도는 저렴하게 리트머스지를 구매하여 측정할 수 있다. 리트머스지는 시험지의 색 변화를 확인하여 pH를 측정할 수 있는데, 조금 더 정확한 수치를 보고 싶다면 디지털 산도 측정기를 사용하면 된다. 시중에는 다양한 종류의 pH 측정기들이 있고, 0.01 단위까지 나오기 때문에 정확한 수치를 알기에 편리하다. 기계를 이용해 측정할 때는 콤부차를 잔에 덜어 측정하면 된다.

다음으로 당도를 측정하기 위해서는 당도계를 이용해야 한다. 당도계는 당의 농도인 브릭스(brix)를 측정하기 위한 기구로 굴절 당도계와 전자식 당도계가 있다. 보통 많이 사용하는 것은 굴절 당도계이다. 굴절 당도계의 측정부에 스포이트를 이용하여 콤부차를 한 방울 떨어뜨리고 덮개를 덮어주면 화면에 수치가 나온다.

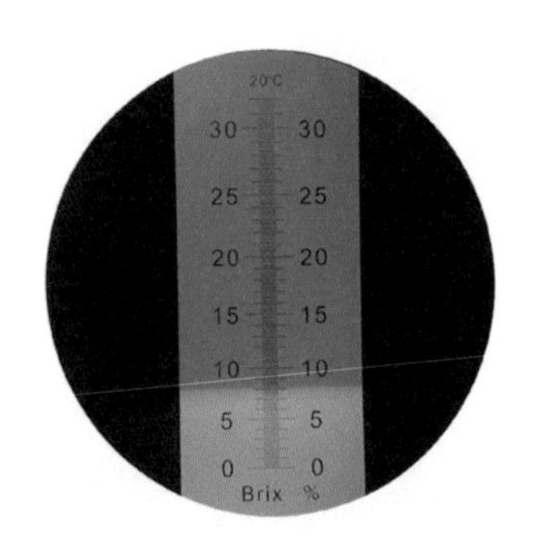

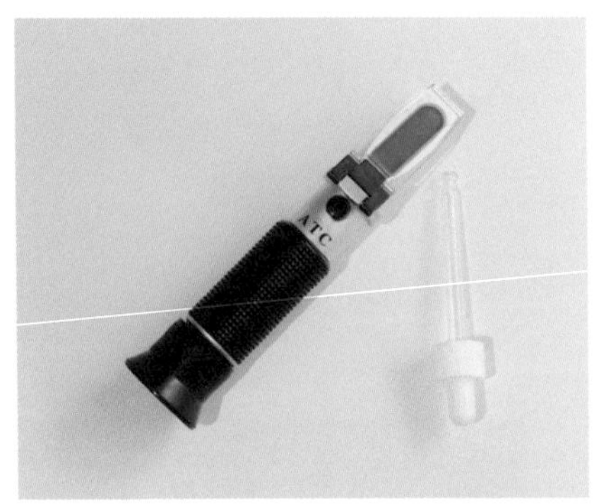

10brix라 하면 콤부차 100g 안에 당이 10g정도를 차지하고 있다는 뜻이다. 사진 속에서 당도는 8brix이므로 100g 기준으로 8g 정도의 당이 있다고 볼 수 있다. 전자식 당도계가 더 세밀한 단위까지 측정할 수 있지만 가격대가 높다. 초보자는 굴절 당도계로도 충분하다. 당도계는 빛이 굴절되는 굴절량을 이용해서 측정하는 방법이고, 엄밀히 따지면 당 이외의 다른 성분인 산과 기타 수용성 물질도 함께 측정되기 때문에 콤부차처럼 다른 성분들이 많이 녹아 있는 음료의 측정은

정확하지 않다. 하지만 발효를 진행하면서 점점 브릭스 수치가 줄어드는 것을 보고 발효가 활발히 진행 중인 것을 파악할 수 있어 효과적이다.

산도가 높으면 무조건 새콤한 맛일까? 당도가 높다고 무조건 단맛이 날까? 꼭 그렇지는 않다. 우리가 아는 과일들의 브릭스 값은 10-15 정도이고, 정말 달다고 느끼는 과일들도 15brix 정도이다. 100g당 당분이 15g이나 있는 것이다. 하지만 인공 감미료는 아무리 많이 넣어도 측정이 되지 않기 때문에 브릭스가 낮아도 단맛이 나는 경우도 있다.

재밌는 사실은 마늘의 당도가 30brix라는 것이다. 생마늘을 먹으면서 달다고 느끼는 사람은 없을 것이다. 왜냐하면 매운맛을 내는 성분이 더 강하기 때문이다. 그런데 만약 우리가 마늘을 볶거나 가열하면 이 매운맛이 날아가면서 상대적으로 약한 맛이라 가려져 있던 맛을 느낄 수 있다. 이렇듯 우리의 미각은 수치만으로는 설명되기 어려운 복합적인 요소들을 통틀어 맛을 느낀다. 그래서 단순히 수치로 맛을 평가하기보다는 직접 먹어보고 평가하는 관능 검사를 함께하는 것이 좋다.

테이스팅 노트 작성하며 관능 검사하기

• Contents

콤부차의 정보를 적는 공간이다. 품평할 콤부차의 이름을 적고 레시피를 적는다. 레시피는 사용한 차의 종류와 양, 몇 도의 물에서 몇 분 우려냈는지, 당의 종류와 양 등을 적어준다. 그리고 2차 발효 콤부차라면 첨가한 재료들을 함께 작성해준다. 만약 도구가 있다면 당도와 산도의 수치를 적는다. 산도는 총산도나 pH 수치를 적어주고, 당도는 브릭스를 적으면 된다.

• Appearance

콤부차의 수색과 투명도를 함께 작성해주는 칸이다. 만약 투명한 잔이라면 바닥의 글씨가 잘 비치는지로 판단이 가능하다. 여러 잔에 동일한 양을 따라준 후 하얀색 종이 위에 두고 위에서 바라보면 색감과 투명도를 비교하며 체크하기 쉽다. 탄산감은 탄산이 어느 정도 맺히는지와 기포의 크기로 평가해준다.

• Mouthfeel

다음은 산도와 당도 그리고 보디감을 체크하는 공간이다. 보디감은 입 안에 머금었을 때의 무게감을 말한다. 물처럼 가볍게 넘어가는 콤부차인지 아니면 우유처럼 좀 더 묵직하게 느껴지는지를 파악해 적어준다. 바로 삼키는 것보다 입 안에서 굴려보면 보디감을 더 잘 느낄 수 있다. 산도나 당도는 낮으면 1점, 높으면 5점으로 체크한다. 이 부분은 주관적인 것이기 때문에 정답은 없다. 나만의 기준을 세워 체크해보자.

● Aroma

향을 체크하는 란이다. 1차 발효 콤부차는 차와 당분만 들어갔지만 어떤 차를 썼느냐에 따라 미묘하게 다른 맛이 난다. 열대 과일 향이 날 때도 있고, 꽃 향이 날 수도 있고, 군내 같은 것이 날 수도 있다. 넣은 재료와 상관없이 내 코끝에서 느껴지는 모든 것을 떠오르는 순서대로 적어보자. 콤부차를 마시기 전, 마실 때, 마시고 나서 남는 잔향까지 다양하게 느껴보자.

● Flavor

다음은 맛을 적는 칸이다. 커피의 맛을 평가할 때처럼 후루룩 들이마시는 슬러핑(Slurping)으로 체크를 하면 좋다. 콤부차를 마실 때 쓰읍 소리를 내면서 공기와 함께 콤부차를 마시는 것이다. 이렇게 마시면 휘발되기 쉬운 아로마 입자들이 입 안으로 함께 들어와서 더 미세하게 맛을 평가할 수 있다. 하지만 슬러핑에 익숙하지 않다면 콤부차를 마시다 사레에 걸릴 수 있다. 그러므로 초보자는 입 안에서 천천히 굴리며 음미해서 맛을 잡아내는 방법을 추천한다.

처음에는 넣었던 재료의 맛만 떠오르겠지만 여러 번 음미하면 다양한 과일이나 향들을 떠올릴 수 있다. 플레이버 휠(Flavor Wheel)을 사용하면 한결 수월해진다. 플레이버 휠은 차에서 느껴질 수 있는 맛이나 향들을 정리해 놓은 휠이다. 맛을 찾는 훈련을 할 때는 먼저 가향이 되지 않은 플레인 콤부차로 맛을 찾는 연습을 해보자. 한 번에 한 개씩만 마시는 것보다 세 개 이상씩 마시며 산도, 당도, 맛, 향을 동시에 비교하면서 작성하는 것이 더 쉽게 맛의 특성을 찾을 수 있다. 맛이 섞이는 것 같다면 미지근한 물로 한번 입안을 헹궈주면 좋다.

● Total

마지막으로 그동안 적어둔 정보들을 바탕으로 총평을 작성해보자. 앞에 하나씩 적어두었던 내용을 하나씩 묶어주면 눈앞에 맛이 그려지는 듯한 테이스팅 노트가 생긴다. 처음부터 모든 칸을 채우려 하면 힘들 수도 있다. 한두 개씩 생각나는 것을 적으며 '하나만 더 찾아봐야지' 하는 마음으로 조금씩 하다보면 미각의 범위를 넓힐 수 있다.

[테이스팅 노트 예시]

Contents		
이름 레드티		
레시피 녹차 2g, 90도에서 5분, 무스코바도 설탕 50g, 히비스커스 2g		
산도 2.5	당도 8	
Appearance		
수색 붉은 루비색	탁도 맑음	탄산감 미세 기포, 많음
Mouthfeel		
바디감 ● ✓ ● ● ● (light – heavy)	산도 ● ● ● ✓ ● (low – high)	당도 ● ● ✓ ● ● (low – high)

Aroma	Flavor
레몬과 라임 향 등 시트러스 계열 붉은 과실향, 특히 체리 향 장미향	체리, 붉은 과실 높은 산도를 보디감이 받쳐주는 느낌

Total
보디감은 중간으로 산도가 높고 당도는 보통이다. 산미가 조금 세지만 전반적으로 부드럽게 넘어간다. 산뜻한 레몬과 라임 향이 처음에 느껴지고, 갈수록 체리 향이 나며, 마지막에는 잔에서 은은한 장미 향이 느껴진다. 마셨을 때 처음엔 히비스커스의 산뜻한 산미가 느껴지더니 이내 여름의 붉은 과실이 떠오른다. 풍부한 탄산감 덕분에 입 안이 깔끔하게 정리되는 느낌이다.

Contents		
이름		
레시피		
산도	당도	
Appearance		
수색	탁도	탄산감
Mouthfeel		
바디감 ● ● ● ● ● light heavy	산도 ● ● ● ● ● low high	당도 ● ● ● ● ● low high

Aroma	Flavor

Total

Contents		
이름		
레시피		
산도	당도	
Appearance		
수색	탁도	탄산감
Mouthfeel		
바디감 ● ● ● ● ● (light – heavy)	산도 ● ● ● ● ● (low – high)	당도 ● ● ● ● ● (low – high)
Aroma	**Flavor**	
Total		

Contents		
이름		
레시피		
산도	당도	
Appearance		
수색	탁도	탄산감
Mouthfeel		
바디감 ● ● ● ● ● light heavy	산도 ● ● ● ● ● low high	당도 ● ● ● ● ● low high
Aroma	**Flavor**	
Total		

Contents		
이름		
레시피		
산도	당도	
Appearance		
수색	탁도	탄산감
Mouthfeel		
바디감 ● ● ● ● ● light heavy	산도 ● ● ● ● ● low high	당도 ● ● ● ● ● low high

Aroma	Flavor

Total

올 어바웃 콤부차

1판 1쇄 인쇄 2022년 8월 24일
1판 1쇄 발행 2022년 9월 14일

지은이 서형주
펴낸이 고병욱

기획편집실장 윤현주 **책임편집** 김지수 **기획편집** 이새봄
마케팅 이일권 김도연 김재욱 이애주 오정민
디자인 공희 진미나 백은주 **외서기획** 김혜은
제작 김기창 **관리** 주동은 **총무** 노재경 송민진

펴낸곳 청림출판(주)
등록 제1989-000026호

본사 06048 서울시 강남구 도산대로 38길 11 청림출판(주) (논현동 63)
제2사옥 10881 경기도 파주시 회동길 173 청림아트스페이스 (문발동 518-6)
전화 02-546-4341 **팩스** 02-546-8053
홈페이지 www.chungrim.com **이메일** life@chungrim.com
블로그 blog.naver.com/chungrimlife **페이스북** www.facebook.com/chungrimlife

ISBN 979-11-979143-5-5 13590